本书出版得到中共中央党校（国家行政学院）专项项目"推进以人为核心的新型城镇化研究"（编号：2021ZXWZ006）的资助

孙生阳 ◎ 著

中国水稻农户的农药施用

实践、行为与决定因素

中国财经出版传媒集团

经济科学出版社

Economic Science Press

图书在版编目（CIP）数据

中国水稻农户的农药施用：实践、行为与决定因素/
孙生阳著 . -- 北京：经济科学出版社，2023.6
ISBN 978 - 7 - 5218 - 4860 - 1

Ⅰ.①中… Ⅱ.①孙… Ⅲ.①水稻 - 病虫害 - 农药施
用 - 中国 Ⅳ.①S435.11

中国国家版本馆 CIP 数据核字（2023）第 111245 号

责任编辑：孙丽丽 撖晓宇
责任校对：齐 杰
责任印制：范 艳

中国水稻农户的农药施用：实践、行为与决定因素
孙生阳 著
经济科学出版社出版、发行 新华书店经销
社址：北京市海淀区阜成路甲 28 号 邮编：100142
总编部电话：010 - 88191217 发行部电话：010 - 88191522
网址：www. esp. com. cn
电子邮箱：esp@ esp. com. cn
天猫网店：经济科学出版社旗舰店
网址：http：//jjkxcbs. tmall. com
北京密兴印刷有限公司印装
710 × 1000 16 开 13.25 印张 190000 字
2023 年 7 月第 1 版 2023 年 7 月第 1 次印刷
ISBN 978 - 7 - 5218 - 4860 - 1 定价：56.00 元
（图书出现印装问题，本社负责调换。电话：010 - 88191545）
（版权所有 侵权必究 打击盗版 举报热线：010 - 88191661
QQ：2242791300 营销中心电话：010 - 88191537
电子邮箱：dbts@ esp. com. cn）

前　言

　　农药在挽回病虫害导致的农作物产量损失方面发挥了重要作用，但是农药施用引发的一系列负外部性已经成为消费者、政府及学术界长期关注的问题。探索现阶段农业生产过程中农户的农药施用行为及决定因素，并据此提出农药施用减施增效的政策建议，对于保障国家粮食安全及消费者健康、促进农业绿色发展等均具有重要的现实意义。本书以改善中国农户农药施用现状为目标，深入研究农药价格、政府农业技术推广服务体系、农业社会化服务以及病虫害种类对农户农药施用行为的影响，为国家制定引导农户科学施用农药的发展策略提供科学依据，确保国家制定的农药施用政策与技术推广服务能最大程度地符合农药减施增效与保障国家粮食安全的目标。

　　为了实现上述研究目标，本书分别采用二手数据和课题组的大样本调查数据对中国农户的农药施用情况进行全面分析。首先，基于风险控制生产函数，采用全国农产品成本收益数据，从经济学角度研究中国1985～2016年水稻、玉米和小麦生产中的农药过量施用问题，并且从实证分析的角度讨论了20世纪80年代以来中国政府农业技术推广体系改革对粮食作物农药施用的影响；其次，本研究团队于2016年对中国江苏、浙江、湖北、贵州和广东随机抽样的1 223户水稻农户进行了入户调查，从农户病虫害防治所施用的农药角度，研究农户在生产中是否施用农药防治病虫害、是否过量或不足施用农药防治病虫害、是否正确或错误施用农药防治病虫害等行为；最后，基于上述农药施用行为，分别从农药价格、病虫害发生种类、农药施用技术信息来源与农户个人和家庭特征等几个方面研究农户农药施用行为的决定因素。

　　本书主要得到以下几点研究结论：（1）中国粮食作物生产中存在农药过量施用情况，但是不同作物的农药过量施用程度存在差异。水稻生产中农药过量施用情况最为严重，而玉米和小麦在某些年份甚至出现了农药不足施用的现象。此外，政府农业技术推广体系的商业化改革显著增加了粮食作物的农药投入费用。（2）农户并不是对所有发生的病虫害均进行农药防治。调查表明，即使是暴发最严重的主要病虫害，在其历次暴发中也有 37.4% 的发生频次未施用农药进行防治，其中主要虫害未进行防治的比例为 35.2%，主要病害未进行防治的比例为 41.0%。（3）农户过量与不足施用农药现象并存。农户在历次病虫害防治中，农药过量施用、不足施用与适量施用的比例依次为 54.4%、31.9% 和 13.7%。当以主要病虫害作为对照时，农户过量施用农药防治草害的概率会降低 17.8%，但是农户不足施用农药防治次要病虫害与草害的概率会分别增加 4.7% 与 19.5%。（4）农户在水稻生产的病虫害防治中仍有相当比例的防治未能正确施用农药。研究表明，在农户水稻生产所防治的历次病虫害中，仅有 60.9% 的病虫害防治正确施用了农药，更有超过 20% 的病虫害防治所施用的农药是错误的。（5）农药价格对农户病虫害防治中的农药施用行为有显著影响。研究发现，中国长期以来维持较低的农药价格政策，导致中国农户在粮食生产中农药施用量的增加，且农药价格越低，农户过量施用农药防治病虫害的概率越高。（6）农药施用技术信息来源对农户的病虫害防治行为有显著影响。研究表明，如果以农资经销店与企业提供的农药施用技术信息来源作为对照，政府农技员提供的农药施用技术信息能显著提高病虫害防治概率，显著降低病虫害防治的农药过量施用概率以及显著提高病虫害防治的农药正确施用概率。

　　基于上述研究结论，本书提出以下几点主要的政策建议：（1）制定有效的农药减施增效政策与措施，有效改善水稻生产中农药过量施用的现状。（2）深化中国政府农技推广体制改革。停止一些地方政府推行的农技推广机构行政化改革，鼓励农技人员为农户提供更多的直接上门服务。（3）重建政府病虫害预测预报体系，为农户提供及时有效的病虫害发生及防治的信息服务与技术指导，使更多农户能够及时正确地防治病虫害。（4）充分发挥现代网络技术的作用，建立遍布全国的病虫害防治信息服务系统，为农户提供及时有效的病虫害发生与防治技术服务。（5）建立农药标准包装体系，使农户在购买农药时能够及时掌握正确施用农药的信息与方法。（6）鼓励统防统治等病虫害防治商业服务体系的发展。

目　录

第 1 章

绪　　论

1.1　研 究 背 景

　　粮食问题是中国长期以来所面临的优先国家安全问题。在人多地少的资源制约背景下，中国需要以不足世界 10% 的耕地面积满足超过世界 20% 人口的粮食需求①。自新中国成立以来，中国政府便将粮食安全问题作为国家安全的优先政策与制度保障。1949 年新中国成立以后，由于存在粮食短缺与粮食市场管理混乱等问题，中国政府通过土地改革、兴修农田水利等措施，迅速恢复农业设施和粮食生产，把粮食生产放在保障粮食安全的重要地位是新中国成立初期粮食安全的主要思想内涵②。1978 年改革开放以后，中国的粮食安全思想也出现了由单纯强调粮食生产向重在粮食流通体制改革的转变，随着家庭联产承包责任制的

---

① Pan D. The Impact of Agricultural Extension on Farmer Nutrient Management Behavior in Chinese Rice Production：A Household – Level Analysis［J］. *Sustainability*，2014，6（10）：6644 – 6665.

② 谢莲碧，黄雯. 建国以来粮食安全思想内涵的演变：从封闭到开放［J］. 社会科学研究，2012（5）：142 – 147.

推行，中国粮食产量得到大幅度提高①。为了进一步保障粮食产量稳定增长、满足居民食物消费和经济社会发展对粮食的基本需求，中国政府于 2008 年出台了《国家粮食安全中长期规划纲要（2008~2020 年）》，明确指出到 2020 年要实现粮食自给率稳定在 95% 以上，其中稻谷与小麦保持自给，玉米保持基本自给②。党的十八大以来，以习近平同志为核心的党中央要求全方位夯实粮食安全根基，提出了"以我为主、立足国内、确保产能、适度进口、科技支撑"的国家粮食安全战略。

为了保障国家粮食安全，中国政府出台了一系列政策来增加粮食产量。农村制度创新、农业技术进步、农产品市场化改革和农业投入增加是保障粮食安全的重要政策③。研究表明，自新中国成立以来尤其是改革开放以来，农药等现代化学品的投入对中国农业发展和粮食产量的增长做出了巨大的贡献④。农户在农业生产中对于农药投入的需求也显著增加，例如农药施用量从 1985 年的 2 万吨提高到 2017 年的 166 万吨，农药投入的增加显著改善了农业生产的防灾和减灾能力，有效挽回了病虫害暴发所造成的农业生产损失，农药投入对保障国家粮食安全起到了显而易见的作用⑤。

中国是世界上最大的水稻生产与消费国。据统计，中国水稻总产量占世界水稻总产量的比例由 1961 年的 26.1% 增加到 1990 年的 36.9%、2000 年的 31.7% 和 2010 年的 28.1%。2017 年中国水稻总产量占世界

① 周洲，石奇. 目标多重、内在矛盾与变革循环——基于中国粮食政策演进历程分析 [J]. 农村经济，2017（6）：11-18.

② 杨明智，裴源生，李旭东. 中国粮食自给率研究——粮食、谷物和口粮自给率分析 [J]. 自然资源学报，2019，34（4）：881-889.

③ 黄季焜. 四十年中国农业发展改革和未来政策选择 [J]. 农业技术经济，2018（3）：4-15.

④ Sun S., Zhang C., Hu R. Determinants and Overuse of Pesticides in Grain Production: A Comparison of Rice, Maize and Wheat in China [J]. *China Agricultural Economic Review*，2020，12（2）：367-379.

⑤ 刘万才，刘振东，黄冲，等. 近 10 年农作物主要病虫害发生危害情况的统计和分析 [J]. 植物保护，2016，42（5）：1-9.

水稻总产量的 27.9%，远高于水稻总产量居第二位印度的 21.9%，是世界水稻第一大生产国家[①]。与此同时，中国也是世界上主要的水稻消费国家，研究表明，中国有 60% 以上的居民以水稻为主要口粮[②]。研究统计，2000 年以来，中国的水稻表观消费量已经超过了 18 500 万吨，到 2014 年中国的水稻表观消费量已经超过了 20 800 万吨，如果从人均水稻表观消费量分析，中国的人均水稻表观消费量也从 2000 年的 146.12 千克/人提高到了 2014 年的 152.40 千克/人。与巴西、印度、日本和美国等世界其他主要水稻生产国家相比，中国的水稻表观消费量显著偏高[③]。

据统计，2017 年中国水稻单位面积产量达到 6 916.92 公斤/公顷，分别是 1950 年的 3.3 倍、1980 年的 1.7 倍和 2000 年的 1.1 倍。中国水稻单位面积产量持续增长的背后，除了依靠农业科学技术的进步外，化学农药的投入也发挥了不可替代的作用[④]。研究表明，2006~2015 年期间，中国通过施用农药等植保措施挽回的水稻产量为 3 317.6 万 ~ 4 512.5 万吨，平均每年有 3 822.9 万吨的水稻产量被挽回，挽回比例超过当年水稻实际总产量的 55.18%[⑤]。

正因为如此，中国农户在农业生产中对于化学农药的依赖性越来越强，通过对农药的高强度施用以减少农业劳动力投入和增强病虫害防治效果，已经成为中国农户在病虫害防治过程中的主要行为习惯[⑥]。自 20

---

① 联合国粮农组织. 粮农组织统计数据 [EB/OL]. [2019 - 11 - 05]. http：//www. fao. org/statistics/zh/.

② 程式华. 不断提高水稻增产技术的适用性 [J]. 求是，2010 (19)：31 - 32.

③ 郭金花，刘晓洁，吴良，等. 我国稻谷供给与消费平衡的时空格局 [J]. 自然资源学报，2018，33 (6)：954 - 964.

④ Chen R.，Huang J.，Qiao F. Farmers' Knowledge on Pest Management and Pesticide Use in Bt Cotton Production in China [J]. *China Economic Review*，2013 (27)：15 - 24.

⑤ 刘万才，刘振东，黄冲，等. 近 10 年农作物主要病虫害发生危害情况的统计和分析 [J]. 植物保护，2016，42 (5)：1 - 9.

⑥ Wang J.，Chu M.，Ma Y. Measuring Rice Farmer's Pesticide Overuse Practice and the Determinants：A Statistical Analysis Based on Data Collected in Jiangsu and Anhui Provinces of China [J]. *Sustainability*，2018，10 (3)：677.

世纪90年代开始，中国就已经成为世界上农药施用量最多的国家[①]。尤其是在水稻生产中，农户的农药施用量明显高于其他粮食作物生产中的农药投入[②]。按1985年的不变价格进行计算，中国水稻每公顷农药费用从1985年的41.83元/公顷增长至2016年的233.29元/公顷，与同期小麦、玉米的每公顷农药费相比，水稻每公顷农药费的增长显著偏高（见图1-1）。

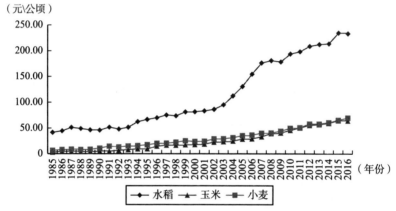

图1-1　1985~2016年中国主要粮食作物每公顷农药费用（1985年不变价）

资料来源：《全国农产品成本收益资料汇编》（1986~2017年）。

　　为满足农业增长对农药施用的需求，国家出台了一系列的政策对农药生产企业进行扶持[③]。这些政策主要包括对农药生产企业进行生产补贴、限制农药最高价格、农药专营等[④]。研究证明，上述政策一方面加快了中国农药工业的恢复与发展；另一方面也降低了农户购买农药的成

　　①　王律先. 我国农药工业概况及发展趋势 [J]. 农药, 1999 (10)：1-8.

　　②　Huang J., Qiao F., Zhang L., et al. Farm Pesticides, Rice Production, and Human Health in China [R]. Singapore：Economy and Environment Program for Southeast Asia (EEPSEA), 2001.

　　③　薛振祥, 秦友山. 中国农药工业50年发展回顾 (上) [J]. 江苏化工, 2000 (5)：5-7.

　　④　焦玉波. 谈谈几种主要农业生产资料的价格情况 [J]. 经济研究, 1959 (3)：31-32.

本，显著提高了中国农户在农业生产中的农药施用量①。

政府农业技术推广体系商业化改革也导致了农药的过量施用。自20世纪80年代末开始，受到农业技术推广人员队伍庞大带来的财政负担与社会各行业开始试行商业化改革的影响，政府开始允许农业技术推广人员销售化肥农药等改革，各级农业技术推广部门均成立了相应的农业生产资料销售部门②。虽然这一改革暂时解决了农业技术推广部门的财政经费紧张问题，但是其副作用也十分明显。研究表明，允许政府农技人员销售化肥农药的商业化改革，显著增加了农户的农药施用量，这也是目前导致农户在农业生产中过量施用农药的重要原因之一③。

农药过量施用已引起了学术界和政府的广泛关注。研究表明，在中国水稻生产过程中，有超过96%的水稻种植户存在过量施用农药的问题④。从农药过量施用程度来看，在水稻生产中大约有57%的实际农药施用量是过量的，在玉米生产中农药的过量施用程度也达到了17%⑤。还有学者以农户防治的具体病虫害为研究对象，发现当前农户在病虫害防治过程中存在着农药过量施用与不足施用并存的现象⑥。尽管农药过量施用已经成为学术界的一个普遍共识，但是从长期来看，是否在所有的主要粮食作物生产中均存在农药过量施用问题？农户过量施用农药的

① 胡瑞法，程家安，董守珍，等. 妇女在农业生产中的决策行为及作用 [J]. 农业经济问题，1998 (3)：52-54.
② 黄季焜，胡瑞法，智华勇. 基层农业技术推广体系30年发展与改革：政策评估和建议 [J]. 农业技术经济，2009 (1)：4-11.
③ Sun S., Zhang C., Hu R. Determinants and Overuse of Pesticides in Grain Production: A Comparison of Rice, Maize and Wheat in China [J]. *China Agricultural Economic Review*, 2020, 12 (2)：367-379.
④ Wang J., Chu M., Ma Y. Measuring Rice Farmer's Pesticide Overuse Practice and the Determinants: A Statistical Analysis Based on Data Collected in Jiangsu and Anhui Provinces of China [J]. *Sustainability*, 2018, 10 (3)：677.
⑤ Zhang C., Shi G., Shen J., et al. Productivity Effect and Overuse of Pesticide in Crop Production in China [J]. *Journal of Integrative Agriculture*, 2015, 14 (9)：1903-1910.
⑥ Zhang C., Hu R., Shi G., et al. Overuse or Underuse? An Observation of Pesticide Use in China [J]. *Science of The Total Environment*, 2015 (538)：1-6.

决定因素有哪些？尚未见有相关的研究报道。

农药的过量施用导致了一系列负外部性的产生。在过去的数十年中，随着农药在农业生产中的广泛施用，其导致的一些直接与间接影响已经成为学术界关注的热点问题。研究表明，农药过量施用导致了病虫害的耐药性日趋严重，在 1945 ~ 2000 年期间，美国的农药施用量增长了 10 倍，但是由病虫害发生导致的粮食损失也从 7% 增长到了 13%[①]。还有研究提供了农药施用（暴露）对农户身体健康影响的证据，主要包括对人体生殖系统、神经系统、血液和淋巴系统、内分泌系统等方面的影响，具体而言，农户在农业生产中每增加 1 千克除草剂草甘膦的施用，将会导致农户的平均红细胞血红蛋白浓度下降 1.26 克/升，同时还会导致农户的红细胞分布宽度增大 0.11%[②]。此外，也有研究从农药过量施用对大气环境、土壤质量、水体生态影响的角度展开了广泛讨论[③]。

除了农药过量施用会导致一系列负外部性外，农药的错误施用也会引起一系列负外部性。研究表明，农药的错误施用本质上类似于农药的不足施用，这是因为如果农户施用了错误的农药品种对目标病虫害进行防治，其农药施用针对这种目标病虫害是没有效果的[④]。更为严重的是，如果对目标病虫害没有进行有效防治，将会导致这些病虫害以指数速度迅速繁殖，这也进一步加大了病虫害防治的难度，从而可能会引发农药的过量施用问题[⑤]。需要说明的是，目前中国农户在农业生产中是

①　Damalas C. A. Understanding Benefits and Risks of Pesticide Use [J]. *Scientific Research and Essays*, 2009, 4 (10): 945 – 949.

②　张超. 我国农民的农药施用行为及其健康影响与干预效果研究 [D]. 北京：北京理工大学, 2016.

③　Cooper J., Dobson H. The Benefits of Pesticides to Mankind and the Environment [J]. *Crop Protection*, 2007, 26 (9): 1337 – 1348.

④　Sun S., Hu R., Zhang C., et al. Do Farmers Misuse Pesticides in Crop Production in China? Evidence from a Farm Household Survey [J]. *Pest Management Science*, 2019, 75 (8): 2133 – 2141.

⑤　Zhang C., Hu R., Shi G., et al. Overuse or Underuse? An Observation of Pesticide Use in China [J]. *Science of The Total Environment*, 2015 (538): 1 – 6.

否错误地施用了农药？其决定因素有哪些？尚未有研究对此进行报道。

中国政府十分重视病虫害防治技术的推广工作。新中国成立以来，中国政府历来重视对农户的技术培训活动，对农户的技术培训次数曾是各级农业技术推广服务部门考核农业技术推广人员工作业绩的重要指标与内容①。政府农技部门的长期技术培训，有效提高了农户的病虫害防治知识，多数农户在农业生产中依靠自己的经验确定病虫害防治对象、病虫害防治时间及病虫害防治的农药施用量②。需要说明的是，除政府农业技术推广部门外，目前政府非农部门、科研单位、农药零售商以及农民合作组织等农业社会化服务组织在向农户提供农药施用技术服务上也发挥着越来越重要的作用，并逐渐成为农户获取农药施用技术信息的主要来源③。然而，针对不同类型的农业社会化服务组织提供的技术信息服务对农户农药施用行为影响的系统研究尚不多见。

1.2 问题的提出

尽管农药可以挽回病虫害发生所导致的粮食损失，但是农药过量施用所引发的环境和健康等负外部性问题却不容小觑。为了最大程度地减少农药施用的负外部性，农药施用经历了传统化学防治、初级综合防治、预防为主的综合防治和绿色防控的综合治理四个阶段④。但是从长期来看，在农业生产中完全禁止农药的施用是不现实的。为了实现农药

① 曹建民，胡瑞法，黄季焜. 技术推广与农民对新技术的修正采用：农民参与技术培训和采用新技术的意愿及其影响因素分析 [J]. 中国软科学，2005（6）：60–66.
② 孙生阳，胡瑞法，张超. 技术信息来源对水稻农户过量和不足施用农药行为的影响 [J]. 世界农业，2021，508（8）：97–109.
③ 胡瑞法，孙艺夺. 农业技术推广体系的困境摆脱与策应 [J]. 改革，2018（2）：89–99.
④ 程家安，祝增荣. 中国水稻病虫草害治理60年：问题与对策 [J]. 植物保护学报，2017，44（6）：885–895.

的减量控害，积极探索环境友好、产出高效的现代化农业发展之路，农业部于 2015 年颁布了《到 2020 年农药使用量零增长行动方案》的通知，旨在减少农药施用量的同时，提高病虫害综合防治水平，做到病虫害防治效果不降低，同时促进粮食和重要农产品生产稳定发展，保障粮食的有效供给。而实现这一目标的关键环节，在于对中国长期以来不同粮食作物的农药施用量变化特点以及农户的农药施用行为有一个详细的掌握，从而引导中国农户更加科学、正确、适量地施用农药。

以往较多文献采用横截面数据，通过入户调查研究了中国农户在农业生产中的农药施用行为。有研究指出，当前中国水稻生产中农药的边际生产率已经接近于 0，即每增加 1 元农药投入所增加的水稻种植收入几乎为 0，因此水稻生产中存在普遍的农药过量施用现象[1]。还有研究认为，中国在玉米生产中也存在严重的农药过量施用问题，在分布函数为 Weibull 分布的风险控制模型估计下，中国玉米生产的农药过量施用程度为 0.54 千克/公顷[2]。不可否认的是，这些研究为讨论中国粮食作物生产中的农药过量施用问题提供了大量证据，但是这些研究多是采用横截面数据或者针对调查地区随机抽样农户的农药施用行为进行研究，而采用面板数据深入分析中国长期以来各地区粮食作物农药过量施用问题的文献并不多见。由于农药施用的分析较为复杂，且各地区在每个年份之间的病虫害发生程度存在差异，因此有必要从长期层面对中国粮食作物的农药施用特点及变化趋势进行研究，并讨论不同粮食作物农药投入的决定因素。

此外，当前研究主要集中在从农户的单位面积农药施用量来分析农户的农药施用行为，并发现农户在农业生产中普遍存在着过量施用农药

---

① 朱淀，孔霞，顾建平. 农户过量施用农药的非理性均衡：来自中国苏南地区农户的证据 [J]. 中国农村经济，2014（8）：17 - 29.

② Zhang C. , Shi G. , Shen J. , et al. Productivity Effect and Overuse of Pesticide in Crop Production in China [J]. *Journal of Integrative Agriculture*，2015，14（9）：1903 - 1910.

的现象①。还有研究从病虫害防治施用农药技术的角度，发现农户在病虫害防治过程中存在着农药过量施用与不足施用并存的现象，甚至不施用农药防治病虫害的现象②。但是上述研究忽略了一个问题，即农户病虫害防治所施用的农药品种是否正确，如果农户施用了错误的农药品种对病虫害进行防治，那么其农药投入对于病虫害防治则是无效的。目前几乎没有文献研究农户在病虫害防治过程中是否施用了正确的农药品种，以及农户正确或者错误施用农药行为的决定因素。因此，从病虫害防治技术的角度分析农药过量施用与不足施用、正确施用与错误施用，并就其决定因素展开讨论，不仅有利于全面了解水稻生产过程中病虫害的发生程度与农户相应的农药施用行为，也有利于根据不同类型病虫害的发生特点采取针对性的措施来改善农户的农药施用行为，提高农户科学、适量、正确施用农药的可能性。

现有文献在研究农户农药施用行为的决定因素时，主要从农户个人与家庭特征、风险偏好与知识水平、技术采用与技术培训、农药价格等因素对农户的农药施用行为进行实证分析③。尽管这些文献对于本书在分析农户农药施用行为的决定因素时提供了参考与借鉴，但是依然存在不足。考虑到不同类型病虫害发生对于粮食产量造成的损失不同，将防治病虫害种类纳入到实证研究模型当中，可以为研究农户在防治不同类型病虫害时的农药施用行为提供一个全新的思路。

除上述因素外，农户的农药施用技术信息来源也是影响农户农药施用行为的一个关键因素。中国自 20 世纪 50 年代起自上而下地建立了各级农业技术推广服务组织，特别是改革开放以来，农业技术推广服务组

---

① 姜健，周静，孙若愚. 菜农过量施用农药行为分析——以辽宁省蔬菜种植户为例 [J]. 农业技术经济，2017（11）：16 – 25.

② Zhang C., Hu R., Shi G., et al. Overuse or Underuse? An Observation of Pesticide Use in China [J]. *Science of The Total Environment*，2015（538）：1 – 6.

③ Liu E. M., Huang J. Risk Preferences and Pesticide Use by Cotton Farmers in China [J]. *Journal of Development Economics*，2013（103）：202 – 215.

织体系不断健全，进入到迅速发展时期，截至 20 世纪末，中国政府农业技术推广机构人员超过了 100 万人①。但是，庞大的农业技术推广队伍带来了沉重的财政负担。自 1989 年开始，政府农技推广单位开始试行商业化改革，允许各级农技单位成立农业生产资料销售部门，从事农业生产资料的经营工作，政府农技推广人员在创收增加的同时也增加了农药的销售量②。尽管有研究指出，农业技术推广部门出售农药等农业生产资料是导致农户过量施用农药的原因之一③，但是尚未有研究对这些可能的原因进行实证分析。为了解决农技推广单位商业化改革带来的弊端，中国政府于 2006 年对政府农技推广单位进行了分离商业活动的去商业化改革，但是对于去商业化改革是否显著减少了农户的农药施用量，目前依然缺乏相关的实证研究分析。在新一轮农技推广体系改革进行的背景下，多元化的农业社会化服务体系也已经逐渐形成，不同类型社会化服务部门提供的农药施用技术信息如何影响农户的农药施用行为，仍然是一个亟待研究的问题。

综合上述分析，本书拟对四个问题进行科学分析。第一，中国主要粮食作物生产中，是否存在农药过量施用问题，如果存在，不同粮食作物之间的农药过量施用程度是否存在差异？第二，20 世纪 80 年代以来，政府农业技术推广体系发展经历的多次改革是否对中国长期以来的农药投入有显著影响？第三，中国农户的农药施用行为有哪些，在防治不同类型病虫害时是否存在未施用农药防治、农药过量施用、农药不足施用与农药错误施用等行为，以及影响这些农药施用行为的决定因素有哪些？第四，中国不同类型农业社会化服务组织向农户提供的农药施用

---

① 黄季焜，胡瑞法，智华勇. 基层农业技术推广体系 30 年发展与改革：政策评估和建议 [J]. 农业技术经济，2009（1）：4 – 11.

② Hu R., Yang Z., Kelly P., et al. Agricultural Extension System Reform and Agent Time Allocation in China [J]. *China Economic Review*，2009，20（2）：303 – 315.

③ Zhang C., Hu R., Shi G., et al. Overuse or Underuse? An Observation of Pesticide Use in China [J]. *Science of The Total Environment*，2015（538）：1 – 6.

技术信息，对农户的农药施用行为产生了哪些影响？通过对上述科学问
题的回答，不仅可以对中国粮食生产过程当中农户的农药施用特点与趋
势有一个详细的把握，进而针对粮食作物生产中农药减施增效与精准施
用提出相关的政策建议，并且也对中国今后的农业技术推广体系改革和
农业社会化服务体系的建立具有重要的理论与政策含义。

1.3　研究目标、研究内容和技术路线

根据上述研究背景与提出的科学问题，本书以改善中国农户的农药
施用现状为政策目标，在系统研究农户施用农药防治病虫害行为的基础
上，探讨农户在病虫害防治过程中是否存在未施用农药防治、过量施用
与不足施用农药、正确施用与错误施用农药等行为。同时，采用计量经
济学的研究方法，讨论不同因素对农户农药施用行为的影响，并据此为
国家制定引导农户科学正确施用农药的发展策略提供科学依据，确保国
家制定的农药施用政策与技术推广服务能最大程度地符合农药减施增效
与保障国家粮食安全的目标。根据上述研究目标，本书将从以下四个方
面开展研究：

第一，采用《中国统计年鉴》《中国农村统计年鉴》《全国农产品
成本收益资料汇编》等统计资料，分析中国不同地区 1985～2016 年粮
食作物（水稻、玉米和小麦）生产过程中的农药施用现状及趋势，比
较不同粮食作物间农药过量施用程度的差异。

第二，采用随机抽样的方法选择样本农户，调查农户在水稻生产过
程中施用的农药次数、单位面积农药施用量、农药施用品种、防治病虫
害种类等农药施用实践。

第三，采用计量经济学的研究方法，分析农药价格、个人及家庭特
征、病虫害发生种类、政府农业技术推广服务、农业社会化服务组织对
农户农药施用行为的影响，尤其是要研究农药价格、农药施用技术信息

来源以及病虫害发生种类对农户农药施用行为的决定作用。

第四，在上述研究的基础上，提出制定有效的农药减施增效政策与措施、深化中国政府农技推广体制改革、重建政府病虫害预测预报体系、建立遍布全国的病虫害防治信息服务系统、建立农药标准包装体系和鼓励统防统治等病虫害防治商业服务体系的发展等政策建议。

为了达到上述研究目标并完成研究内容，本书制定的技术路线如图1-2所示。

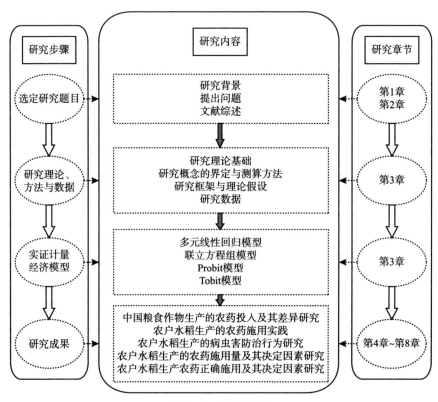

图1-2 技术路线

1.4　结　构　安　排

根据上述研究背景、研究目标、研究内容和技术路线，本书的结构共分为以下几个部分：

第 1 章：绪论。介绍本书的研究背景，提出科学问题，确定本书的研究目标、研究内容与技术路线，并对本书的总体框架结构进行安排。

第 2 章：文献综述。从中国农药产业政策及施用现状研究、农药的正外部性与负外部性研究、农药施用行为及其决定因素研究、农药过量与不足施用研究、农药正确与错误施用研究、农业技术推广与农业社会化服务研究和农户行为理论研究等方面对该领域的主要文献进行综述研究。

第 3 章：研究理论、方法与数据。首先，介绍本书的理论基础，对相应的研究概念及测算方法进行解释；其次，基于研究内容与研究目标，建立了本书的研究框架并作出相应的理论假设；再次，介绍本书主要的实证计量经济模型；最后，介绍本书的数据来源，主要包括二手数据和农户调查数据。

第 4 章：中国主要粮食作物生产的农药投入及其差异研究。通过对中国 1985~2016 年水稻、玉米、小麦生产中的农药投入进行分析，测算水稻、玉米、小麦的农药最佳经济投入，进而讨论中国粮食作物的农药过量施用程度并在不同作物间进行比较。此外，本书还对农药投入的决定因素进行研究，分析 20 世纪 80 年代以来政府农业技术推广体系发展经历的多次改革对农药投入的影响。

第 5 章：农户水稻生产的农药施用实践。从农户的农药施用次数、农户的单位面积农药施用量、农户防治病虫害的农药施用实践和农户的主要农药施用种类四个方面，分析农户水稻生产中的农药施用行为习惯。

第6章：农户水稻生产的病虫害防治行为研究。本书基于同一样本村内农户面临病虫害发生类型一致的假定，分析农户在农药施用过程中，是否对于病虫害存在"未防治"行为，并在此基础上建立计量经济学模型，研究农户水稻生产中病虫害"未防治"行为的决定因素。

第7章：农户水稻生产的农药施用量及其决定因素研究。本书通过指数当量法，计算农户在病虫害防治过程中每次防治的农药指数当量，并与参考农药的推荐施用量范围进行比较，判断农户在病虫害防治过程中是否存在农药过量施用与农药不足施用等问题，最后分析不同因素对农户农药施用量的影响。

第8章：农户水稻生产的农药正确施用及其决定因素研究。本书基于判断病虫害防治中农药正确施用与错误施用的测算方法，分析农户在病虫害防治中是否施用了正确的农药品种。在此基础上建立计量经济学模型，研究农户是否正确施用农药防治病虫害的决定因素。

第9章：结论与政策建议。总结本书的主要研究内容与研究结论，提出引导农户在防治病虫害时科学、正确、适量施用农药的政策建议。

第 2 章

文 献 综 述

本书的文献综述主要包括以下七部分的内容，第一部分对中国农药产业政策及施用现状的研究文献进行归纳，第二部分为农药的正外部性与负外部性研究，第三部分为农药施用行为及其决定因素研究，第四部分为农药过量与不足施用研究，第五部分为农药正确与错误施用研究，第六部分为农业技术推广体系与农业社会化服务研究，第七部分为农户行为理论研究。

2.1 中国农药产业政策及施用现状研究

中国的农药工业奠基于20世纪50年代，为满足农业增长对农药施用需求的增加，中国政府出台了一系列的财政补贴政策对农药生产企业进行扶持①。在新中国成立初期，农业生产中所施用的主要农药品种价格一直由中央统一管理，并且在全国范围内实行统一价格。在此背景下，中国的农药价格一直呈现降低的趋势，以有效成分6%的可湿性"六六六"农药为例，如果1952年的"六六六"农药价格为100元，

---

① 薛振祥，秦友山. 中国农药工业50年发展回顾（上）[J]. 江苏化工，2000（5）：5–7.

则 1954 年、1956 年和 1958 年的价格分别为 46 元、28 元和 21 元①。尽管对于农药等农用生产资料价格补贴的政策促进了中国农药工业的发展与完善②，但是这些限制农药价格提高的政策也是造成中国农户过量施用农药的主要原因之一③。自 20 世纪 90 年代末开始，鉴于农药过量施用所导致的负外部性问题，中国政府出台了一系列政策以减少农药施用量。主要包括 1997 年颁布的《中华人民共和国农药管理条例》以及 1999 年颁布的《农药管理条例实施办法》，这些政策提高了化学农药登记的门槛，并取消使用商品名，改为指定通用名和简化通用名，试图通过规范农药市场的管理，实现农户农业生产上对农药的标准化施用，从而减少农药施用，改善农产品农药高残留的现状。但是由于上述政策缺乏强有力的市场监督体制及管理制度配套，到目前为止，其政策实施效果并未达到预期。研究表明，中国 2000 年后在粮食作物与经济作物生产中依然存在不同程度的农药过量施用问题④。

长期以来，中国的农药施用量呈现逐年增长的趋势。张超等（2019）的研究发现，1995 年中国的农药平均施用强度仅为 6.9 千克/公顷，但是到 2016 年已经增长到了 11.1 千克/公顷⑤。金书秦和张惠（2017）的研究则发现，中国的农药施用量不仅持续增长，而且各省的农药施用量存在差异，如山东、河南、湖南、湖北、广东和安徽 2015 年的农药施用量均超过了 10 万吨⑥。也有研究从农药类型的角度分析了中国除草剂施用量的增长变化，研究指出，2000 年中国的除草剂施用强

① 焦玉波. 谈谈几种主要农业生产资料的价格情况 [J]. 经济研究, 1959 (3)：31-32.
② 厉淑华. 农用生产资料价格补贴问题及其对策 [J]. 科技导报, 1994 (12)：37-39.
③ 胡瑞法, 程家安, 董守珍, 等. 妇女在农业生产中的决策行为及作用 [J]. 农业经济问题, 1998 (3)：52-54.
④ 潘丹, 杨佳莹, 钟海燕, 等. 中国主要粮食作物农药过量使用程度的时空分析 [J]. 经济研究参考, 2018 (33)：16-23.
⑤ 张超, 孙艺夺, 孙生阳, 等. 城乡收入差距是否提高了农业化学品投入？——以农药施用为例 [J]. 中国农村经济, 2019 (1)：96-111.
⑥ 金书秦, 张惠. 化肥、农药零增长行动实施状况评估 [J]. 中国发展观察, 2017 (13)：35-39.

度仅为 0.41 千克/公顷，但是到 2015 年却增长到了 6.08 千克/公顷[1]。许多学者还以中国农户农业生产中的农药施用量为研究对象，发现中国水稻、玉米、蔬菜、棉花、苹果等作物生产中均存在着严重的农药过量施用问题[2]。

2.2 农药的正外部性与负外部性研究

农药之所以被广泛施用，是因为农药在挽回由病虫害发生所导致的粮食损失方面发挥了重要作用。研究发现，在美国的农业生产中，农药施用带来的经济回报超过了农药施用成本的四倍[3]。得益于农药施用，英国的小麦产量从 1948 年的 2.5 吨/公顷增长到了 1997 年的 7.5 吨/公顷，美国的玉米产量从 1920 年的 30 蒲式耳/英亩增长到了 1980 年的 100 蒲式耳/英亩[4]。还有研究指出如果没有农药施用，农业生产将会遭受到巨大的经济损失，并且认为英国小麦生产利润增长的 50% 都应该归功于农药施用[5]。农药施用不仅挽回了病虫害发生造成的农业产量损失，同时也打破了农作物种植的地域与季节限制，扩大了作物的种植范围。比如通过施用杀菌剂来控制晚疫病的发生，使得西红柿可以在雨季种植，鉴于雨季西红柿的价格约为旱季价格的 10 倍，农户的经济收入

---

① Huang J. , Wang S. , Xiao Z. Rising Herbicide Use and Its Driving Forces in China [J]. *The European Journal of Development Research*, 2017, 29（3）: 614 – 627.

② 周峰，徐翔. 无公害蔬菜生产者农药使用行为研究——以南京为例 [J]. 经济问题, 2008（1）: 94 – 96.

③ Pimentel D. , Pimentel M. H. Food, Energy And Society [M]. Boca Raton: CRC Press, 2007.

④ Austin R. B. Yield of Wheat in the United Kingdom: Recent Advances and Prospects [J]. *Crop Science*, 1999, 39（6）: 1604 – 1610.

⑤ Kucharik C. J. , Ramankutty N. Trends and Variability in U. S. Corn Yields Over the Twentieth Century [J]. *Earth Interactions*, 2005（9）: 1 – 29.

也因此得到了提高①。

但是农药施用在有效防治病虫害的同时，其过量施用与不足施用引发的负外部性也日趋明显。研究指出，长期不合理地施用农药会导致病虫害的抗药性更加严重，目前中国至少有 30 种农业害虫对农药产生了严重的抗药性，棉铃虫作为中国常见的病虫害之一，其在 10 年内对菊酯类农药的抗药性增加了 108 倍，其防治次数也由 20 世纪 80 年代初的每年 3.5 次增长到现在的每年 7.8 次②。另一方面，农药的不合理施用不仅杀死了病虫害，而且也杀死了田间害虫的天敌，导致了田间益虫数量的减少③。农药过量施用还严重污染了生态环境，破坏了自然生态平衡，戈峰等（1997）指出，只有 0.1% 的农药能够到达目标害虫，而 99.9% 的农药将附着在作物或土壤上，或者进入大气与地下水循环，对自然环境造成了严重破坏④。国外的研究也发现了类似的结论，有研究指出，每年由于农药施用造成的地下水污染所导致的经济损失已经达到了 20 亿美元。不仅如此，在农药施用过程中发生的农药中毒事件及农药暴露问题也引发了学术界对农户健康的担忧，在所有农药中毒事件中，约有 300 万例住院治疗，其中约有 22 万例死亡与 75 万例患长期慢性疾病⑤。还有研究为农药暴露导致不良生育率这一假设提供了实证证据，研究指出，农药暴露将会导致不良生育率上升 5% ~ 9%⑥。此外，农药过量施用还会导致食品农药残留、减少土壤活性、影响蜜蜂授粉行

---

① Cooper J. , Dobson H. The Benefits of Pesticides to Mankind and the Environment ［J］. *Crop Protection*, 2007, 26 （9）: 1337 – 1348.

②④ 戈峰，曹东风，李典谟. 我国化学农药使用的生态风险性及其减少对策 ［J］. 植保技术与推广，1997 （2）: 35 – 37.

③ Huang J. , Zhou K. , Zhang W. , et al. Uncovering the Economic Value of Natural Enemies and True Costs of Chemical Insecticides to Cotton Farmers in China ［J］. *Environmental Research Letters*, 2018 （13）: 064027.

⑤ Pimentel D. Environmental and Economic Costs of the Application of Pesticides Primarily in the United States ［J］. *Environment*, *Development and Sustainability*, 2005, 7 （2）: 229 – 252.

⑥ Larsen A. E. , Gaines S. D. , Deschênes, O. Agricultural Pesticide Use and Adverse Birth Outcomes in the San Joaquin Valley of California ［J］. *Nature Communications*, 2017 （8）: 302.

为等一系列负外部性①。

除了上述农药过量施用导致的负外部性以外，农药的不足施用也会导致相关的负面影响。考虑到病虫害发生具有跨越物理农田界限和迁飞性的特点，通常会出现"漏治一点，为害一片"的现象②。也就是说，如果有一部分农户在病虫害防治中存在不施用农药防治或者农药施用不足的情况，将会给邻近农户的农业生产带来较重的病虫害防治压力，从而导致邻近农户在农业生产中出现过量施用农药防治病虫害的现象③。农药不足施用不但不能够有效防治病虫害的发生，而且也可能对田间益虫造成威胁，因此，农药不足施用会反过来导致病虫害的持续与过度发生，同时也会进一步加强病虫害抗药性的发展④。

2.3 农药施用行为及其决定因素研究

在农业生产中，农药施用是有效控制病虫害发生的重要手段。为了保障粮食产量增长，尤其对于发展中国家来说，其在农业生产中不但通过施用农药防治病虫害的发生，而且农药施用量也呈现逐年增加的趋势。研究表明，自 20 世纪 80 年代开始，拉丁美洲的农药消费量已经占到了全球农药消费市场的 10%，其中巴西是拉丁美洲最大的农药消费国，其农药消费量约占拉丁美洲农药总消费量的 50%，墨西哥、阿根

① Winter C. K. , Jara E. A. Pesticide Food Safety Standards as Companions to Tolerances and Maximum Residue Limits [J]. *Journal of Integrative Agriculture*，2015，14（11）：2358 - 2364.

② 危朝安. 专业化统防统治是现代农业发展的重要选择 [J]. 中国植保导刊，2011，31（9）：5 - 8.

③ 应瑞瑶，徐斌. 农户采纳农业社会化服务的示范效应分析——以病虫害统防统治为例 [J]. 中国农村经济，2014（8）：30 - 41.

④ 王杰. 农药低剂量导致其抗性发展 [J]. 世界农药，2011，33（4）：44 - 46.

廷和哥伦比亚等国家紧随其后①。自 20 世纪 90 年代开始，中国成为世界上农药施用量最大的国家，研究表明，2000~2013 年期间，中国水稻、玉米和小麦的亩均农药费用分别增长了 232%、252% 和 185%，如果从农户调查数据来看，中国农户 2000 年在水稻生产中平均施用农药 2~3 次，但是到 2014 年施用农药次数已经增长到了 6~8 次②。鉴于农药施用已经成为世界范围内农户病虫害防治的主要行为习惯，为了更好地发挥农药防治病虫害的作用，同时减少农药过量施用引发的负外部性，国内外许多学者针对农户的农药施用行为及其决定因素展开了讨论。

2.3.1 个人与家庭特征因素

农药施用者性别对于农药施用行为具有显著影响。对尼日利亚水稻、甘薯、木薯种植户的调查发现，男性农户的农药施用量显著高于女性农户的农药施用量③。类似地，男性农户在水稻种植过程中更倾向于过量施用农药，与女性农户相比，男性农户过量施用农药的概率比女性农户高 38%④。有学者通过对中国安丘县农户的调查，发现男性农户与女性农户在农药施用知识和农药施用行为方面存在显著差异⑤。但是，朱淀等（2014）的研究也发现，性别差异并不能显著影响农户的农药

---

① Bellotti A. C., Cardona C., Lapointe S. L. Trends in Pesticide Use in Colombia and Brazil [J]. *Journal of Agricultural Entomology*, 1990, 7 (3): 191–201.

② 纪月清, 刘亚洲, 陈奕山. 统防统治: 农民兼业与农药施用 [J]. 南京农业大学学报: 社会科学版, 2015, 15 (6): 61–67.

③ Rahman S., Chima C. D. Determinants of Pesticide Use in Food Crop Production in Southeastern Nigeria [J]. *Agriculture*, 2018, 8 (3): 35.

④ Wang J., Chu M., Ma Y. Measuring Rice Farmer's Pesticide Overuse Practice and the Determinants: A Statistical Analysis Based on Data Collected in Jiangsu and Anhui Provinces of China [J]. *Sustainability*, 2018, 10 (3): 677.

⑤ Wang W., Jin J., He R., et al. Gender Differences in Pesticide Use Knowledge, Risk Awareness and Practices in Chinese Farmers [J]. *Science of the Total Environment*, 2017 (590–591): 22–28.

施用行为①。

受教育年限对农户的农药施用行为具有显著影响。研究认为，农户的受教育程度直接影响其对农药施用技术的掌握能力，受教育年限越长的农户在农业生产中的施药效率越高②。类似研究同样证明了农户的受教育年限对农户的农药施用行为起到了显著影响，且受教育年限越长的农户在农业生产中农药施用量越低，农药施用行为越正确③。但是也有研究通过对中国环渤海湾与黄土高原苹果种植户的调查发现，农户的受教育水平越高，农药投入越高，尽管这与上述研究结论相反，但是也为教育水平较高的农户倾向于高投入—高产出的农业生产行为提供了实证证据④。

农户年龄也被认为是影响农药施用行为的关键因素。例如，农户年龄对施用高毒农药和农药投入量均有显著正向影响，这说明农户的年龄越大，其对于病虫害的发生风险更为敏感，导致其在农业生产中倾向于施用高毒农药或者增加农药施用量来保障农作物的生产⑤。同时，还有研究讨论农户年龄与不同类型农药施用量之间的因果关系，有学者研究了中国除草剂施用量的决定因素，发现农户年龄并不能显著影响除草剂施用量⑥，还有学者对杀虫剂施用量的决定因素研究也得到了类似的结

---

① 朱淀，孔霞，顾建平. 农户过量施用农药的非理性均衡：来自中国苏南地区农户的证据 [J]. 中国农村经济，2014（8）：17 – 29.

② 周曙东，张宗毅. 农户农药施药效率测算、影响因素及其与农药生产率关系研究——对农药损失控制生产函数的改进 [J]. 农业技术经济，2013（3）：4 – 14.

③ Isin S.，Yildirim I. Fruit-growers' Perceptions on the Harmful Effects of Pesticides and Their Reflection on Practices：The Case of Kemalpasa，Turkey [J]. *Crop Protection*，2007，26（7）：917 – 922.

④⑤ 侯建昀，刘军弟，霍学喜. 区域异质性视角下农户农药施用行为研究——基于非线性面板数据的实证分析 [J]. 华中农业大学学报：社会科学版，2014（4）：1 – 9.

⑥ Huang J.，Wang S.，Xiao Z. Rising Herbicide Use and Its Driving Forces in China [J]. *The European Journal of Development Research*，2017，29（3）：614 – 627.

论①。与年龄相关的因素是农户的务农年限，一般而言，务农经验越丰富的农户可能拥有更加科学的农药施用行为，例如，有学者发现，务农时间越长的农户过量施用农药的概率越低②。但是部分研究却得出了相反的结论，其指出农户的务农时间越长，农户过量施用农药的概率越高③。

除了上述个人及家庭特征以外，许多文献也指出农户的经济收入、种植面积、家庭人口、家庭农业劳动力人口、农户兼业行为、农药施用设备等也是影响农户农药施用行为的重要决定因素④⑤。通过上述的研究可以发现，尽管个人与家庭特征对于农户农药施用行为的影响没有形成一个统一的结论，但是也为本书后续的实证研究与模型设定提供了相关参考。

2.3.2　风险偏好与知识水平因素

农户的风险偏好显著影响农户的农药施用行为。黄季焜等（2008）的研究为农户的风险偏好与农药过量施用行为的关系提供了实证证据，结果显示，为避免遭受病虫害等意外风险带来的农业损失，越倾向于风

---

① Huang J., Zhou K., Zhang W., et al. Uncovering the Economic Value of Natural Enemies and True Costs of Chemical Insecticides to Cotton Farmers in China [J]. *Environmental Research Letters*, 2018 (13): 064027.

② Wang J., Chu M., Ma Y. Measuring Rice Farmer's Pesticide Overuse Practice and the Determinants: A Statistical Analysis Based on Data Collected in Jiangsu and Anhui Provinces of China [J]. *Sustainability*, 2018, 10 (3): 677.

③ Jin J., Wang W., He R., et al. Pesticide Use and Risk Perceptions among Small-Scale Farmers in Anqiu County, China [J]. *International Journal of Environmental Research and Public Health*, 2017, 14 (1): 29.

④ 童霞, 吴林海, 山丽杰. 影响农药施用行为的农户特征研究 [J]. 农业技术经济, 2011 (11): 71-83.

⑤ 陈奕山, 钟甫宁, 纪月清. 农户兼业对水稻杀虫剂施用的影响 [J]. 湖南农业大学学报: 社会科学版, 2017, 18 (6): 1-6.

险规避的农户，在棉花生产中农药施用量越高①。米建伟等（2012）结合对农户风险规避程度的实验结果，进一步对风险规避与农药施用之间的关系进行研究，发现具有较高风险规避程度的农户在农药施用中具有施用多种类农药、增加农药施用量、更倾向购买高价农药来控制病虫害发生的特点②。还有学者从农户对农药施用带来的健康风险认知方面来研究其对农药施用量的影响，结果发现，如果农户认为农药施用带来的健康风险越高，农户过量施用农药的概率越低③。

农户的知识水平也被认为是影响农户农药施用行为的关键因素。张超等（2015）通过对农户农药施用及病虫害防治知识的调查发现，仅有 15.3% 的农户能够完全正确回答问题，有 64% 的农户的知识得分低于平均水平，而这也可能是导致当前农户过量或者不足施用农药的主要原因④。陈瑞剑等（2013）通过计量经济学的研究方法为此提供了实证证据，结果发现，农户知识测试题的回答正确率每提高 1%，农药的施用量将会减少 6.85 公斤/公顷⑤。侯麟科等（2012）通过对中国木瓜生产的研究也得到了类似的结论，发现农户的知识水平越高，单位面积农药施用量越低⑥。黄季焜等（2008）的研究认为，如果农户能够充分了解病虫害防治技术的信息和知识，农户在抗虫棉上的农药施用量还可以

---

① 黄季焜，齐亮，陈瑞剑. 技术信息知识、风险偏好与农民施用农药 [J]. 管理世界，2008（5）：71 – 76.

② 米建伟，黄季焜，陈瑞剑，等. 风险规避与中国棉农的农药施用行为 [J]. 中国农村经济，2012（7）：60 – 71.

③ Jin J., Wang W., He R., et al. Pesticide Use and Risk Perceptions among Small – Scale Farmers in Anqiu County, China [J]. *International Journal of Environmental Research and Public Health*, 2017, 14（1）：29.

④ Zhang C., Hu R., Shi G., et al. Overuse or Underuse? An Observation of Pesticide Use in China [J]. *Science of The Total Environment*, 2015（538）：1 – 6.

⑤ Chen R., Huang J., Qiao F. Farmers' Knowledge on Pest Management and Pesticide Use in Bt Cotton Production in China [J]. *China Economic Review*, 2013（27）：15 – 24.

⑥ Hou L., Huang J., Wang X., et al. Farmer's Knowledge on GM Technology and Pesticide Use：Evidence from Papaya Production in China [J]. *Journal of Integrative Agriculture*, 2012, 11（12）：2107 – 2115.

减少6.24公斤/公顷①。

2.3.3　技术采用与技术培训因素

　　农业生物技术的进步对农药施用行为产生了显著影响。有学者认为，作为施用农药防治病虫害的替代，具有抗病虫害属性水稻的边际生产率明显高于农药的边际生产率，通过采用具有抗病虫害属性的水稻品种，不仅能够有效减少农药的施用量，而且不会造成水稻产量的减少②。还有研究提供了类似的证据，转基因棉花生产中广谱性杀虫剂的施用次数明显低于非转基因棉花生产中广谱性杀虫剂的施用次数③。通过对中国转基因棉花的研究也得到类似的结论，采用转基因棉花品种不仅可以显著减少农药的施用次数、施用量与施用成本④，而且也能显著降低农药过量施用的程度，例如，非转基因抗虫棉的农药过量施用程度是转基因抗虫棉农药过量施用程度的4倍左右⑤。尽管有文献也指出由于病虫害抗药性与次要病虫害的发生会导致转基因品种降低农药施用量的效果在长期中被抵消⑥，但乔方彬（Qiao F.，2015）通过对1997～2012年转基因棉花的研究发现，是否采用转基因棉花品种对农药施用

---

　　① 黄季焜，齐亮，陈瑞剑. 技术信息知识、风险偏好与农民施用农药 [J]. 管理世界，2008（5）：71－76.

　　② Widawsky D.，Rozelle S.，Jin S.，et al. Pesticide Productivity，Host-plant Resistance and Productivity in China [J]. *Agricultural Economics*，1998，19（1－2）：203－217.

　　③ Cattaneo M. G.，Yafuso C.，Schmidt C.，et al. Farm-scale Evaluation of the Impacts of Transgenic Cotton on Biodiversity，Pesticide Use，and Yield [J]. *Proceedings of the National Academy of Sciences of the United States of America*，2006，103（20）：7571－7576.

　　④ Huang J.，Hu R.，Pray C.，et al. Biotechnology as an Alternative to Chemical Pesticides：A Case Study of Bt Cotton in China [J]. *Agricultural Economics*，2003，29（1）：55－67.

　　⑤ Huang J.，Hu R.，Rozelle S.，et al. Transgenic Varieties and Productivity of Smallholder Cotton Farmers in China [J]. *The Australian Journal of Agricultural and Resource Economics*，2002，46（3）：367－387.

　　⑥ Pemsl D.，Waibel H. Assessing the Profitability of Different Crop Protection Strategies in Cotton：Case Study Results from Shandong Province，China [J]. *Agricultural Systems*，2007，95（1－3）：28－36.

量及农药花费的降低依然有显著影响①。

也有研究讨论农业技术培训对农户农药施用行为的影响。研究发现，参加技术培训对过量施用农药行为有显著的负向影响，但是不同机构组织的培训和不同模式的培训对降低过量施用农药的效果存在差异，其中田间指导与村委会组织的培训效果更好②。王建华等（2014）的研究指出参加技术培训能够显著减少农药施用量，且接受农业合作社组织培训的农户相比没有参加培训的农户农药施用量减少了 1.05 升/公顷，且结果在 10% 的检验水平上显著③。此外，病虫害综合防治技术（integrated pest management）培训作为一种病虫害综合管理策略，其对引导农户科学施用农药发挥了重要作用④，有学者通过对孟加拉国蔬菜种植户的研究发现，接受病虫害综合防治技术培训的农户拥有更好的病虫害防治知识，并且该培训显著减少了农户的农药施用量、施用次数与农药混用的品种⑤。黄季焜等（Huang J.，2017）的研究以除草剂为研究对象，发现在玉米生产中，每多参加一年的技术培训，农户的除草剂施用量将会减少 4.7 元/公顷⑥。

2.3.4　病虫害发生类型因素

研究表明，农户在防治不同类型病虫害时分别具有不同的农药施用

①　Qiao F. Fifteen Years of Bt Cotton in China: The Economic Impact and its Dynamics [J]. *World Development*，2015（70）：177 – 185.

②　李昊，李世平，南灵. 农药施用技术培训减少农药过量施用了吗？[J]. 中国农村经济，2017（10）：80 – 96.

③　王建华，马玉婷，王晓莉. 农产品安全生产：农户农药施用知识与技能培训 [J]. 中国人口·资源与环境，2014，24（4）：54 – 63.

④　Sanglestsawai S.，Roderick R. M.，Yorobe J. M. Economic Impacts of Integrated Pest Management（IPM）Farmer Field Schools（FFS）：Evidence From Onion Farmers in the Philippines [J]. *Agricultural Economics*，2015，46（2）：149 – 162.

⑤　Gautam S.，Schreinemachers P.，Uddin M. N.，et al. Impact of Training Vegetable Farmers in Bangladesh in Integrated Pest Management（IPM）[J]. *Crop Protection*，2017，102：161 – 169.

⑥　Huang J.，Wang S.，Xiao Z. Rising Herbicide Use and Its Driving Forces in China [J]. *The European Journal of Development Research*，2017，29（3）：614 – 627.

行为。在农业生产中，虫害发生的频率与造成的农业损失明显高于病害，因此农户在6.55次农药施用中，有3.91次施用了杀虫剂，有2.63次施用了杀菌剂；在2.89公斤/公顷的农药施用量中，有2.34公斤/公顷是杀虫剂，而杀菌剂只有0.54公斤/公顷[1]。还有文献从不同类型病虫害防治的角度分析农户的农药施用行为，如农户在防治二化螟、稻飞虱和稻纵卷叶螟等主要病虫害时，农户过量施用农药防治的样本份额超过了50%；而在防治稻苞虫、白叶枯病、细菌性条斑病等次要病虫害时，农药施用不足和零施用防治的样本份额则超过了75%[2]。此外，还有学者研究了农户在草害防治中的农药施用行为，研究表明，在加拿大的农业生产中，有超过80%的农药施用为除草剂，而杀菌剂和杀虫剂的施用分别仅占到了8%和5%[3]。这也与之前文献的报道相一致，在1981~2007年的水稻生产中，除草剂施用量正以每年2%的速度快速增长[4]。

　　还有文献从防治主要病虫害与次要病虫害的角度分析农户的农药施用行为。研究表明，近年来用于防治次要病虫害所施用的农药量出现了上升趋势[5]。造成这一现象的出现主要有以下两方面原因，一方面是由于转基因抗虫技术的引入使得主要病虫害得到有效控制，次要病虫害成为农户的主要防治对象[6]；另一方面也有研究指出气温及降雨量的变化

　　① Widawsky D., Rozelle S., Jin S., et al. Pesticide Productivity, Host-plant Resistance and Productivity in China [J]. *Agricultural Economics*, 1998, 19 (1-2): 203-217.

　　② Zhang C., Hu R., Shi G., et al. Overuse or underuse? An Observation of Pesticide Use in China [J]. *Science of The Total Environment*, 2015 (538): 1-6.

　　③ Nazarko O. M., Van Acker R. C., Entz M. H. Strategies and Tactics for Herbicide Use Reduction in Field Crops in Canada: A Review [J]. *Canadian Journal of Plant Science*, 2005, 85 (2): 457-479.

　　④ Beltran J. C., White B., Burton M., et al. Determinants of Herbicide Use in Rice Production in the Philippines [J]. *Agricultural Economics*, 2013, 44 (1): 45-55.

　　⑤ Wu K., Guo Y., Lv N., et al. Resistance Monitoring of Helicoverpa Armigera (Lepidoptera: Noctuidae) to Bacillus Thuringiensis Insecticidal Protein in China [J]. *Journal of Economic Entomology*, 2002, 95 (4): 826-831.

　　⑥ 黄季焜、林海、胡瑞法，等. 推广转基因抗虫棉对次要害虫农药施用的影响分析 [J]. 农业技术经济, 2007 (1): 4-12.

可能加速次要病虫害的繁衍与生长速度，导致次要病虫害暴发[①]。米建伟等（2011）的调查研究发现，农户用于控制次要病虫害的农药施用量确实有所增加，但这种增加不是由于采用转基因抗虫技术防治棉铃虫所导致，而是由于气候变化等因素诱发的[②]。此外，还有研究指出，政府农技部门病虫害预测预报能力匮乏也是导致农户不能科学施用农药防治病虫害的一个主要原因[③]。

2.3.5 社会经济因素

有文献将生产要素价格纳入到对农户农药施用行为的研究当中。许多文献指出，农药价格的提高对于农药施用量具有显著的负向影响[④]。这说明，农药价格越高，农户越倾向于在农业生产中减少农药施用，以降低农业生产成本。此外，还有研究指出，由于农户把农药施用作为劳动投入和代耕服务的替代品，当劳动投入和代耕服务价格上涨时，农户的农药施用量也会显著增加[⑤]。还有文献从产品价格的角度来研究农户的农药施用行为，由于农药可以通过控制病虫害发生来挽回粮食产量从而实现粮食产量增加的目的，农户为了追求更大的经济收益，当农产品价格提高时，农户的农药施用量也会提高[⑥]。

---

① Wang Z., Lin H., Huang J., et al. Bt Cotton in China: Are Secondary Insect Infestations Offsetting the Benefits in Farmer Fields? [J]. *Agricultural Sciences in China*, 2009, 8 (1): 83 – 90.

② 米建伟，黄季焜，胡瑞法，等. 转基因抗虫棉推广应用与次要害虫危害的关系——基于微观农户调查的实证研究 [J]. 农业技术经济，2011 (9): 4 – 12.

③ 孙生阳，孙艺夺，胡瑞法，等. 中国农技推广体系的现状、问题及政策研究 [J]. 中国软科学，2018 (6): 25 – 34.

④ Sun S., Zhang C., Hu R. Determinants and Overuse of Pesticides in Grain Production: A Comparison of Rice, Maize and Wheat in China [J]. *China Agricultural Economic Review*, 2020, 12 (2): 367 – 379.

⑤ Rahman S., Chima C. D. Determinants of Pesticide Use in Food Crop Production in Southeastern Nigeria [J]. *Agriculture*, 2018, 8 (3): 35.

⑥ 范存会，黄季焜，胡瑞法，等. Bt 抗虫棉的种植对农药施用的影响 [J]. 中国农村观察，2002 (5): 2 – 10.

　　相对于生产要素价格与产品价格而言，农产品的商品化率也被认为对农户的农药施用行为产生影响。例如，王书华和徐翔（2004）指出，水稻商品化率越高，农户的单位面积农药施用量越高[1]。蔡书凯和李靖（2011）的研究也提供了相似的结论，估计结果表明，水稻商品化率的系数在1%的显著水平上显著，且水稻商品化率的提高显著增加了水稻生产中的农药施用强度[2]。

　　从宏观经济层面来看，城乡收入差距也是影响农户农药施用行为的重要因素。研究表明，城乡收入差距会显著提高农药施用强度，且城乡居民收入比每增加1，农药施用强度将会增加11.4%[3]。还有研究将农药投入作为农业污染排放的主要指标，同样发现城乡收入差距每增加1%，农药污染排放将增加1.18%[4]。

2.4　农药过量与不足施用研究

　　农药过量施用是学术界长期关注的热点研究问题。对于农药过量施用的定义，大量研究基于微观经济学利润最大化的分析逻辑，认为当农药的边际收益等于边际成本时，农药达到最佳经济施用量，如果农药的实际施用量高于最佳经济施用量，则存在农药过量施用[5]。因此，如何

---

　　① 王华书，徐翔. 微观行为与农产品安全——对农户生产与居民消费的分析 [J]. 南京农业大学学报：社会科学版，2004（1）：23-28.

　　② 蔡书凯，李靖. 水稻农药施用强度及其影响因素研究——基于粮食主产区农户调研数据 [J]. 中国农业科学，2011，44（11）：2403-2410.

　　③ 张超，孙艺夺，孙生阳，等. 城乡收入差距是否提高了农业化学品投入？——以农药施用为例 [J]. 中国农村经济，2019（1）：96-111.

　　④ 沈能，王艳. 中国农业增长与污染排放的 EKC 曲线检验：以农药投入为例 [J]. 数理统计与管理，2016，35（4）：614-622.

　　⑤ Babcock B. A. , Lichtenberg E. , Zilberman D. Impact of Damage Control and Quality of Output：Estimating Pest Control Effectiveness [J]. *American Journal of Agricultural Economics*，1992，74（1）：163-172.

确定农药的边际收益是研究农药过量施用问题的关键。

有学者最早采用美国 1963 年 59 种主要作物的数据，通过柯布道格拉斯生产函数对农药的边际生产率进行估计，研究发现，每增加 1 美元的农药费用，可以带来 3.90 ~ 5.66 美元的回报，这说明农户可以继续增加农药施用来获得更高的经济收入[①]。类似的，也有研究采用随机系数模型和二次生产函数等模型对农药的边际生产率进行估计[②]，但是其本质仍是把农药投入作为直接生产要素放入到生产函数当中。对于将农药投入当作直接生产要素放入到生产函数当中的估计方法一直饱受争议，有学者认为，农药投入与其他直接生产要素不同，农药施用并不能直接提高粮食产量，而是通过控制病虫害的发生来挽回粮食产量损失，从而实现提高粮食产量的目标[③]。为此，有学者提出了风险控制生产函数（damage control production function），进一步将农药施用定义为风险控制（damage control）投入，并认为把农药当作直接生产要素的估计方法会导致农药的边际生产率被高估。还有研究针对农药风险控制投入的分布形式展开了讨论，目前主要的分布包括：Pareto 分布、Exponential 分布、Logistic 分布与 Weibull 分布四种形式[④]。

基于风险控制生产函数，许多研究对农药的边际生产率进行了估计，进而测算农业生产中的农药过量施用程度。通过风险控制生产函数对农药的边际生产率进行估计，有学者对泰国蔬菜的研究发现，约有

---

① Headley，J. C. Estimating the Productivity of Agricultural Pesticides [J]. *American Journal of Agricultural Economics*，1968，50（1）：13 – 23.

② Teague M. L. ，Brorsen B. W. Pesticide Productivity：What are the Trends? [J]. *Journal of Agricultural and Applied Economics*，1995，27（1）：276 – 282.

③ Lichtenberg E. ，Zilberman D. The Econometrics of Damage Control：Why Specification Matters [J]. *American Journal of Agricultural Economics*，1986，68（2）：261 – 273.

④ Talpaz H. ，Borosh I. Strategy for Pesticide Use：Frequency and Applications [J]. *American Journal of Agricultural Economics*，1974，56（4）：769 – 775.

80%的农药实际投入量是超过农药最佳经济投入量的[1]。张超等（Zhang C. et al., 2015）通过对中国水稻、棉花、玉米生产中的农药边际生产率进行估计，发现分别约有57%、64%以及17%的实际农药施用量是过量的[2]。黄季焜等（2002）的研究指出，在中国的棉花生产中，转基因棉花种植户的实际农药施用量比最佳经济施用量高出了10千克/公顷，但非转基因棉花种植户的实际农药施用量比最佳经济施用量高出了40千克/公顷[3]。除了上述作物以外，农药过量施用同样也发生在水果与蔬菜等经济作物的种植过程中。李昊等（2017）通过计算农药投入的边际生产率，发现水果和顺季蔬菜种植农户的农药边际生产率仅分别为0.34和0.33，反季节蔬菜种植农户的农药边际生产率接近于0，说明当前的农药成本已经超过了农药的边际收益，存在农药过量施用现象[4]。周曙东和张宗毅（2013）指出现有研究忽略了农药施用的效率问题，认为当前的风险控制生产函数可能并不能完全准确地估计农药的边际生产率，研究发现，使用普通风险控制生产函数有低估农药边际产品净收益的倾向，从而可能导致部分样本被错误地判断为过量施用农药，为此他们把农药施用效率纳入到模型中重新进行了估计，但是依然发现农药过量施用现象的存在[5]。

---

[1] Grovermann C., Schreinemachers P., Berger T. Quantifying Pesticide Overuse from Farmer and Societal Points of View: An Application to Thailand [J]. *Crop Protection*, 2013, 53 (11): 161 – 168.

[2] Zhang C., Shi G., Shen J., et al. Productivity Effect and Overuse of Pesticide in Crop Production in China [J]. *Journal of Integrative Agriculture*, 2015, 14 (9): 1903 – 1910.

[3] Huang J., Hu R., Rozelle S., et al. Transgenic Varieties and Productivity of Smallholder cotton Farmers in China [J]. *The Australian Journal of Agricultural and Resource Economics*, 2002, 46 (3): 367 – 387.

[4] 李昊, 李世平, 南灵. 农药施用技术培训减少农药过量施用了吗？[J]. 中国农村经济, 2017 (10): 80 – 96.

[5] 周曙东, 张宗毅. 农户农药施药效率测算、影响因素及其与农药生产率关系研究——对农药损失控制生产函数的改进 [J]. 农业技术经济, 2013 (3): 4 – 14.

　　除了上述采用经济学方法测算农药过量施用以外，还有研究从农药
施用技术的角度对农药过量施用问题进行研究。有学者把农药过量施用
定义为实际施用量超过说明书推荐施用量，结果表明有 47% 的农户存
在过量施用农药的行为，平均过量程度为每个种植季超过了 3.4 千克①。
在农作物生产过程中，农户通常会施用多种农药来防治同一种病虫害，
这种农药混合也被称为"农药鸡尾酒"（pesticide cocktail），不少研究
指出农户在施用农药过程中混合两种及两种以上有效成分的农药已经成
为其在农业生产中的主要行为习惯②。考虑到防治同一种病虫害的农药
具有不同的标准推荐施用量，因此将各个农药的实际施用量加总然后与
推荐施用量进行比较是不现实的。为此，张超等（2015）的研究以农
户防治的病虫害为研究对象，通过将防治同一病虫害的多类型农药的加
总指数当量与参考农药的推荐施用量进行比较，判断农户在病虫害防治
中是否存在农药的过量施用与不足施用问题③。研究发现，农户不仅在
病虫害防治中存在过量施用农药的现象，甚至在防治某些病虫害时出现
了不足施用农药与未施用农药的情况，在 54 种病虫害防治过程中，农
户在防治其中 44 种病虫害时，农药施用不足和未施用农药的样本份额
超过了总防治份额的 50%④。

---

　　①　Dasgupta S. , Meisner C. , Huq M. A Pinch or a Pint? Evidence of Pesticide Overuse in
Bangladesh ［J］. *Journal of Agricultural Economics*, 2007, 58（1）: 91 –114.

　　②　Rivera – Becerril F. , Tuinen D. , Chatagnier O. , et al. Impact of a Pesticide Cocktail
（Fenhexamid, Folpel, Deltamethrin）on the Abundance of Glomeromycota in Two Agricultural Soils
［J］. *Science of The Total Environment*, 2017, 577: 84 –93.

　　③　Zhang C. , Hu R. , Shi G. , et al. Overuse or Underuse? An Observation of Pesticide Use in
China ［J］. *Science of The Total Environment*, 2015, 538: 1 – 6.

　　④　张超. 我国农民的农药施用行为及其健康影响与干预效果研究 ［D］. 北京: 北京理工
大学, 2016.

2.5 农药正确与错误施用研究

除了农药的过量施用与不足施用以外，许多研究也开始关注农药的错误施用行为。尽管农药错误施用这一概念在文献与报告中被反复提及，但是目前学术界并没有对农药错误施用提出一个统一的概念，不同文献中对农药错误施用的定义是不一样的[①]。例如，有研究将农药的错误施用定义为农药的错误混用，如将可湿性粉剂农药与乳化剂农药混合施用、将错误的杀虫剂与杀菌剂混合施用等，其产生的化学反应不但会影响农药防治病虫害的效果，而且也提高了农户农药中毒风险[②]。还有研究将农药的错误施用定义为不按照农药使用说明书来施用农药[③]，通过对埃塞俄比亚蔬菜农户的调查发现，有70%的农户在施用农药时从未阅读过说明书或农药指导手册，阅读农药说明书并按照要求施用农药的农户仅占8%[④]。此外，农药说明书上会标注出该种农药的推荐适用作物，如果农民将该种农药施用于非推荐作物，那么这种行为也被定义为农药的错误施用[⑤]。还有研究通过对农户农药施用次数与施用量的调

---

① Rother H. A. Pesticide Labels：Protecting Liability or Health？ – Unpacking "Misuse" of Pesticides [J]. *Current Opinion in Environmental Science & Health*，2018，4：10 – 15.

② Ngowia A. V. F.，Mbise T. J.，Ijani A. S. M.，et al. Smallholder Vegetable Farmers in Northern Tanzania：Pesticides Use Practices，Perceptions，Cost and Health Effects [J]. *Crop Protection*，2007，26（11）：1617 – 1624.

③ Asogwa E. U.，Dongo L. N. Problems Associated with Pesticide Usage and Application in Nigerian Cocoa Production：A review [J]. *African Journal of Agricultural Research*，2009，4（8）：675 – 683.

④ Mengistie B. T.，Mol A. P. J.，Oosterveer P. Pesticide Use Practices Among Smallholder Vegetable Farmers in Ethiopian Central Rift Valley [J]. *Environment，Development and Sustainability*，2017，19（1）：301 – 324.

⑤ Ajayi O. C.，Akinnifesi F. K. Farmers' Understanding of Pesticide Safety Labels and Field Spraying Practices：A Case Study of Cotton Farmers in Northern Côte d'Ivoire [J]. *Scientific Research and Essay*，2007，2（6）：204 – 210.

查发现，农户在施药过程中普遍存在过量施用的问题，因此，部分研究将农药的过量施用与滥用定义为农药的错误施用①。

对于农药错误施用的定义不仅限于农户的农药施用行为，也包括农药贮存、农药废弃物处理、施药过程中是否采取防护措施等行为。例如，有研究将农药的不恰当贮存定义为农药的错误施用，如果将农药贮存在房屋室内或者儿童可以接触到的地方，将会导致由农药暴露引发的中毒风险增加，研究表明，约有 15% 的农户选择把农药放在房屋室内贮存，约有 28% 的农户选择的农药贮存地是儿童可以接触到的，调查还发现，仅有一户农户按照农药贮存的安全要求对农药进行管理贮存②。也有研究将农药废弃物的错误处理定义为农药的错误施用，比如随意丢弃过期农药、施用农药后不回收包装或者将废弃农药包装罐当作日常生活用品，这不仅增加了对环境生态的污染压力，同时也诱发了农药暴露引发的健康问题③。部分研究也将施药过程中不采取防护措施定义为农药的错误施用，如在施药过程中不佩戴护目镜、不穿戴防护服、手套和面具等④。

————————

① Panuwet P. , Siriwong W. , Prapamontol T. , et al. Agricultural Pesticide Management in Thailand: Status and Population Health risk [J]. *Environmental Science & Policy*, 2012, 17: 72 - 81.

② Jensen H. K. , Konradsen F. , Jørs E. , et al. Pesticide Use and Self - Reported Symptoms of Acute Pesticide Poisoning among Aquatic Farmers in Phnom Penh, Cambodia [J]. *Journal of Toxicology*, 2011, 2011: 639814.

③ Asogwa E. U. , Dongo L. N. Problems Associated with Pesticide Usage and Application in Nigerian Cocoa Production: A review [J]. *African Journal of Agricultural Research*, 2009, 4 (8): 675 - 683.

④ Oesterlund A. H. , Thomsen J. F. , Sekimpi D. K. , et al. Pesticide Knowledge, Practice and Attitude and How it Affects the Health of Small-scale Farmers in Uganda: A Cross-sectional Study [J]. *African Health Sciences*, 2014, 14 (2): 420 - 433.

2.6 农业技术推广与农业社会化服务研究

农业技术推广服务在世界范围内被广泛认为是传播农业技术信息与提高农药施用效率的重要渠道。尤其对于发展中国家来说，农户获取农业生产技术信息的主要来源仍然是依靠农业技术推广服务[1]。研究表明，如果农户缺乏技术信息并且得不到正确的技术指导，在农业生产中通常会增加农药施用量来减少由病虫害发生导致的粮食损失[2][3]。

中国拥有世界上最大的农业技术推广服务组织。自 1978 年改革开放以来，为了适应家庭联产承包责任制，中国农业技术推广服务体系迅速发展，并于 1982 年建立了全国农业技术推广总站，这标志着中国现代农技推广服务体系雏形的完成[4]。在 20 世纪 80 年代中期，中国几乎在所有县级和乡级都建立了完善的农业技术推广站[5]，据统计，1989 年全国共成立县级农业技术推广中心 1 003 个，畜牧技术与水产技术推广服务中心 198 个[6]。但是由于庞大的农业技术推广队伍带来了沉重的财政压力，同时受到社会各行业商业化改革的影响，中国农技推广体系自

① Emmanuel D., Owusu – Sekyere E., Owusu V., et al. Impact of Agricultural Extension service on Adoption of Chemical Fertilizer：Implications for Rice Productivity and Development in Ghana [J]. *NJAS – Wageningen Journal of Life Sciences*，2016，79：41 – 49.

② Watts D. J., Strogatz S. H. Collective Dynamics of "Small-world" Networks [J]. *Nature*，1998，393：440 – 442.

③ Goodhue R. E., Klonsky K., Mohapatra S. Can an Education Program Be a Substitute for a Regulatory Program That Bans Pesticides? Evidence from a Panel Selection Model [J]. *American Journal of Agricultural Economics*，2010，92（4）：956 – 971.

④ 夏敬源. 中国农业技术推广改革发展 30 年回顾与展望 [J]. 中国农技推广，2009，25（1）：4 – 14.

⑤ Hu R., Yang Z., Kelly P., et al. Agricultural Extension System Reform and Agent Time Allocation in China [J]. *China Economic Review*，2009，20（2）：303 – 315.

⑥ 黄季焜，胡瑞法，智华勇. 基层农业技术推广体系 30 年发展与改革：政策评估和建议 [J]. 农业技术经济，2009（1）：4 – 11.

1989 年开始试行商业化改革，允许政府农技推广部门进行农业生产资料销售，尽管这一改革在一定程度上缓解了当时农技推广部门经费紧张的压力，但是也导致了农药过量施用现象的出现①。鉴于此，自 2003 年开始，国家在试点的基础上启动了一系列改革。研究表明，新一轮的农技推广体系改革虽然显著提高了农技推广单位的经费收入，增加了农技人员下乡为农民提供技术服务的时间，但是农技推广行政化、政府公共信息服务能力弱化等现行体制的老问题不仅未能解决，反而有所强化；而激励机制丧失、乡级农技推广部门弱化、人事制度改革失败等新问题已成为限制中国基层农技部门做好为农户提供技术服务的重要原因②。

中国多元化的农业社会化服务体系已经基本形成。孔祥智等（2009）指出，农业社会化服务体系是在家庭承包经营的基础上，为农业产前、产中和产后各个环节提供服务的各类机构和个人形成的网络③。大量文献研究表明，尽管政府农业技术推广体系仍然是农户获取农业技术信息的最主要来源，但是政府非农部门、科研单位、化肥农药零售商以及农民合作组织等农业社会化服务组织在向农户提供农业技术服务上也越来越重要且存在明显分工④。通过对中国 7 个省 28 个县2 293 户农户近三年接受技术培训服务情况的调查发现，接受过政府农技部门农业技术培训的农户比例为 25.2%，而接受过企业或农资销售店、农民合作组织、村委会、媒体及其他非政府部门组织培训的农户比例则达 15.7%，其中接受过企业或农资销售店农业技术培训的农户比

①　Jin S., Bluemling B., Mol A. P. J. Information, Trust and Pesticide Overuse: Interactions between Retailers and Cotton Farmers in China [J]. *NJAS – Wageningen Journal of Life Sciences*, 2015, 72 – 73: 23 – 32.

②　孙生阳，孙艺夺，胡瑞法，等. 中国农技推广体系的现状、问题及政策研究 [J]. 中国软科学，2018（6）：25 – 34.

③　孔祥智，徐珍源，史冰清. 当前我国农业社会化服务体系的现状、问题和对策研究 [J]. 江汉论坛，2009（5）：13 – 18.

④　胡瑞法，孙艺夺. 农业技术推广体系的困境摆脱与策应 [J]. 改革，2018（2）：89 – 99.

例为9%，超过接受政府部门培训的1/3，这说明非政府农技部门已逐渐成为为农户提供技术服务的重要部门，多元化的社会服务体系已初具规模①。考虑到农业社会化服务的内容与主体较为宽泛，有研究对技术服务类别进行了分类，主要包括公益性技术、准公益性技术和私人技术，同时也对服务主体部门进行了分类，主要包括公益部门、中介组织、企业和民间服务机构等②。需要指出的是，病虫害防治技术与其他农业技术服务不同，由于病虫害具有跨越农田物理边界和迁飞性等特点，因此病虫害防治技术服务有着较强的外部性，如果有一户得不到正确的病虫害防治技术服务，可能会导致周边农户的农业生产也受到病虫害的危害③。

鉴于病虫害防治技术服务的特殊性，国内外学者针对农户获取病虫害防治技术与农药施用技术的信息来源展开了充分讨论。例如，有研究发现，分别有45.24%、34.44%、10.95%的农户将邻里交流、农药经销商、政府农技员作为获取农药施用信息及病虫害防治信息的主要渠道④。但是也有文献发现了不同的情况，如张等（Zhang et al.，2015）的研究指出，分别有56.7%和50.7%的农户将农药经销商作为购买农药与决定农药施用量的主要信息来源⑤。金书秦等（2015）的研究也发现，当前农药经销商已经成为农户最重要的信息来源，且农药经销商为了保证病虫害的防治效果及经营利润，他们在向农户推荐农药时往往存

---

① 孙生阳，孙艺夺，胡瑞法，等. 中国农技推广体系的现状、问题及政策研究 [J]. 中国软科学，2018（6）：25 – 34.

② 孔祥智，徐珍源，史冰清. 当前我国农业社会化服务体系的现状、问题和对策研究 [J]. 江汉论坛，2009（5）：13 – 18.

③ 危朝安. 专业化统防统治是现代农业发展的重要选择 [J]. 中国植保导刊，2011，31（9）：5 – 8.

④ Jin J.，Wang W.，He R.，et al. Pesticide Use and Risk Perceptions among Small – Scale Farmers in Anqiu County，China [J]. *International Journal of Environmental Research and Public Health*，2017，14（1）：29.

⑤ Zhang C.，Hu R.，Shi G.，et al. Overuse or Underuse? An Observation of Pesticide Use in China [J]. *Science of The Total Environment*，2015，538：1 – 6.

在着过量推荐的现象①。

　　还有学者（2002）通过实证研究的方法，分析了越南柑橘种植户的农药施用技术信息来源，并研究了不同技术信息来源对农户农药施用行为的影响，结果发现，依靠个人经验和网络媒体获取农药施用技术信息的农户，其杀虫剂施用次数将会显著增加；如果同时依靠政府农技员与网络媒体获取信息，其杀虫剂施用次数将会显著减少②。陈欢等（2017）研究了信息传递对水稻种植户农药施用行为的影响，结果发现与邻里交流相比，从政府农技员与农药经销商获取信息可以显著降低农户的农药施用次数与农药投入费用③。还有文献研究了不同类型信息来源对农户农药施用过程中其他行为的影响，结果发现，如果农户从农药经销商处获得农药施用技术信息，其在农药施用过程中将更倾向于采用防护工具来降低农药引发的健康风险，此外研究还发现，通过邻里交流这种社会学习的方式也是改善农户农药施用行为的一个重要信息来源方式④。

2.7　农户行为理论研究

　　本书以农户病虫害防治中的农药施用行为作为研究对象，因此，农

---

　　①　Jin S. , Bluemling B. , Mol A. P. J. Information, Trust and Pesticide Overuse：Interactions between Retailers and Cotton Farmers in China ［J］. *NJAS – Wageningen Journal of Life Sciences*, 2015, 72 – 73：23 – 32.

　　②　Mele P. V. , Hai T. V. , Thas O. , et al. Influence of Pesticide Information Sources on Citrus Farmers' Knowledge, Perception and Practices in Pest Management, Mekong Delta, Vietnam ［J］. *International Journal of Pest Management*, 2002, 48（2）：169 – 177.

　　③　陈欢，周宏，孙顶强. 信息传递对农户施药行为及水稻产量的影响——江西省水稻种植户的实证分析 ［J］. 农业技术经济，2017（12）：23 – 31.

　　④　Alam S. A. , Wolff H. Do Pesticide Sellers Make Farmers Sick? Health, Information, and Adoption of Technology in Bangladesh ［J］. *Journal of Agricultural and Resource Economics*, 2016, 41（1）：62 – 80.

户行为理论是讨论农户农药施用行为的理论基础。通过梳理文献，当前学术界对于农户行为的讨论是存在分歧的，不同学派根据不同的农户行为假设提出了不同的研究结论，当前学术界对于农户的行为理论分析主要包括三个学派，分别为：组织与生产学派、理性小农学派和历史学派①。

第一，组织与生产学派以俄国经济学家恰亚诺夫为代表，其指出农户的生产行为与企业行为不同，在生产过程中主要依靠自己的劳动投入，不存在雇用劳动力的行为②。从生产目的上看，恰亚诺夫认为农户生产的主要目的并不是追求成本和收益之间的平衡，而是为了满足家庭自给自足的消费目标，属于典型的自给自足小农经济。在这种情况下，小农的最优选择就是取决于家庭的消费满足与劳动辛苦程度之间的平衡，如果家庭消费没有得到满足，即使劳动的边际收益低于市场工资时，农户依然会持续投入劳动力，直到家庭消费得到满足为止。第二，理性小农学派以美国经济学家舒尔茨为代表，其在《改造传统农业》中提出，小农生产与企业生产行为一样，满足理性"经济人"的假设，小农在生产过程中的要素配置同样也满足帕累托最优原则，并指出农业增长停滞的主要原因来自传统边际投入下的收益递减，一旦现代技术要素投入能保证利润在现有价格水平下获得，农户会毫不犹豫地参与竞争并追求最大利润③。有学者进一步发展了舒尔茨理性小农的观点，指出农户会根据他们的偏好评估他们行为选择的后果，然后做出能实现效用最大化的行为选择④。许多研究通过对农户行为的研究发现，在多数农村家庭中，农户的行为选择均采用了谨慎的态度，他们往往对各方面信

① 翁贞林. 农户理论与应用研究进展与述评 [J]. 农业经济问题，2008 (8)：93 – 100.

② 恰亚诺夫. 农民经济组织 [M]. 萧正洪，译. 北京：中央编译出版社，1996.

③ 西奥多·舒尔茨. 改造传统农业 [M]. 梁小民，译. 北京：商务印书馆，1987.

④ Popkin S. *The Rational Peasant* [M]. California：University of California Press，1979.

息进行全面的采集之后再进行判断和抉择，追求整体效用最大化①。第三，历史学派以中国学者黄宗智为代表，黄宗智（2000）认为，由于中国农村人口不断增加且耕地面积受到制约，农户在劳动边际报酬非常低的情况下依然会持续投入劳动力，存在一种"过密化"的农业生产活动类型②。

　　和许多发展中国家的小农一样，中国农户在农业生产中仍然处于半自给半商业化的阶段③。考虑到中国小农户的农业生产行为特点，周立等（2012）将农户的农业生产行为概括为"为市场而进行的生产"——A 模式和"为生活而进行的生产"——B 模式④。中国作为一个农业生产大国，小农户依然是当前农业生产经营的主要组织形式，且中国大多数小农户的农业生产行为在市场经济的背景下依然存在自然经济的延续，即农产品以市场交换为主，同时也存在满足自我消费的特点⑤。这使得中国的小农户同时具备了生产者与消费者两种属性，作为生产者，农户从事农业生产的目的是追求利益最大化；但是作为消费者，农户也有着满足自己家庭粮食消费的保障性需求。而这也导致了农户在农业生产中出现了"一家两制"的差别化农业生产行为，一种是"为赚钱而生产"的农业营利性生产行为，另一种是"为自用而生产"的农业保障性生产行为⑥。

---

① 王春超. 转型时期中国农户经济决策行为研究中的基本理论假设 ［J］. 经济学家，2011（1）：57 – 62.

② 黄宗智. 华北的小农经济与社会变迁 ［M］. 北京：中华书局，2000.

③ 张林秀，徐晓明. 农户生产在不同政策环境下行为研究——农户系统模型的应用 ［J］. 农业技术经济，1996（4）：27 – 32.

④ 周立，潘素梅，董小瑜. 从"谁来养活中国"到"怎样养活中国"——粮食属性，AB 模式与发展主义时代的食物主权 ［J］. 中国农业大学学报：社会科学版，2012，29（2）：20 – 33.

⑤ 彭军，乔慧，郑风田. 羊群行为视角下农户生产的"一家两制"分析——基于山东784 份农户调查数据 ［J］. 湖南农业大学学报：社会科学版，2017，18（2）：1 – 9.

⑥ 彭军，乔慧，郑风田. "一家两制"农业生产行为的农户模型分析——基于健康和收入的视角 ［J］. 当代经济科学，2015，37（6）：78 – 91.

　　农业生产中"一家两制"的差别化农业生产行为，对于农户的农药施用决策起到了关键影响。当农户的家庭经营特征为种植业收入占家庭总收入比重较高时，农户会出现"为赚钱而生产"的农业生产行为，从风险偏好上看，该类型农户属于风险厌恶型农户，其通常会通过增加农药施用量来减少病虫害发生所导致的粮食产量损失风险①。还有学者假设水稻种植户满足理性"经济人"的条件，并假设水稻种植户生产水稻不仅用于出售同时也满足自家消费需求，研究发现农户是否严格按照说明书推荐用量施用农药会受到水稻商品化率的影响②。而对于家庭财产较高的农户来说，其农业生产属于"为自用而生产"的农业保障性生产行为，这种类型的农户在农业生产中具有以下几种特点：一是使用传统种子，二是施用农家肥，三是不施用农药，四是通过人工除草来代替除草剂的施用③。如黄季焜等（2008）的研究发现，家庭财产越高的农户，其在农业生产中单位面积的农药施用量越低④。同时对于具有外出务工经历的兼业农户来说，其家庭收入以非农收入为主，该类型农户不仅粮食的自留比较高，同时在生产过程中倾向于减少农药的施用，这是由于具有外出务工经历的农户在农业生产中主要以保有土地经营权和满足自家消费保障为主要生产目的，并非追求产量的农业盈利性生产行为⑤。

　　还有研究认为农户行为除了受到自身资源、农户个人与家庭特征的影响外，还受到外界社会经济环境与信息的影响。由于病虫害发生的多

---

　　① 蔡书凯，李靖. 水稻农药施用强度及其影响因素研究——基于粮食主产区农户调研数据 [J]. 中国农业科学，2011，44（11）：2403 - 2410.

　　② 刘勇，张露，张俊飚，等. 稻谷商品化率与农药使用行为——基于湖北省主要稻区的探析 [J]. 农业现代化研究，2018，39（5）：836 - 844.

　　③ 徐立成，周立，潘素梅. "一家两制"：食品安全威胁下的社会自我保护 [J]. 中国农村经济，2013（5）：32 - 44.

　　④ 黄季焜，齐亮，陈瑞剑. 技术信息知识、风险偏好与农民施用农药 [J]. 管理世界，2008（5）：71 - 76.

　　⑤ 吕新业，李丹，周宏. 农产品质量安全刍议：农户兼业与农药施用行为——来自湘赣苏三省的经验证据 [J]. 中国农业大学学报：社会科学版，2018，35（4）：69 - 78.

样性与防治过程的复杂性，部分农户在施药过程中对病虫害的发生特点、农药施用效果、农药施用时间、农药施用量、农药施用品种的技术知识掌握存在局限，经常需要依赖外部信息的推荐，进而做出不同的农药施用决策判断，因此也就拥有了不同的行为①。

有研究通过认知心理学的角度来分析农户的农药施用行为，其中具有代表性的是库尔特·勒温（Kurt Lewin）的人类行为模型②。该模型认为，人的行为受到个体特征因素和外部环境因素的共同影响，且行为会随着个体特征与外部环境因素的变化而改变。模型可以表示为：

$$B = f(P, E)$$

其中，B 代表个体的具体行为；P 代表农户的个体特征，包括生理因素、心理因素、目标动机和态度等；E 为外部环境因素，包括社会环境、自然环境、市场环境及其他因素的刺激等。姜健等（2017）的研究采用人类行为模型对中国辽宁省蔬菜种植户的农药过量施用行为进行了分析，指出政府规制、市场收益保障、市场组织模式等因素对农户的农药过量施用行为存在不同程度的影响③。

2.8 文 献 述 评

通过文献综述发现，鉴于农药施用在农业生产中同时兼备了正外部性与负外部性等特征，当前学术界对农户的农药施用行为及其决定因素展开了充分的讨论。研究发现，农户的个人及家庭特征、风险偏好与知识水平、技术采用与培训、病虫害发生种类和社会经济等因素均对农户

---

① 孙生阳，李忠鞠，张超等. 技术信息来源对水稻农户病虫草害防治行为的影响 [J]. 农业现代化研究，2021，42（5）：900-908.

② 库尔特·勒温. 拓扑心理学原理 [M]. 高觉敷，译. 北京：商务印书馆，2004.

③ 姜健，周静，孙若愚. 菜农过量施用农药行为分析——以辽宁省蔬菜种植户为例 [J]. 农业技术经济，2017（11）：16-25.

的农药施用行为产生了不同程度的影响。但是，目前较少有文献把农业生产中农户历次防治的病虫害种类纳入到实证模型进行分析，讨论农户在历次病虫害防治中的农药施用行为。

国内外学者还对农药的过量施用问题展开了讨论。通过梳理文献发现，目前大量研究集中在通过微观经济学方法测算农药的边际收益，认为当农药的边际收益等于边际成本时，农药达到最佳的经济施用量，如果农药的实际施用量大于最佳的经济施用量，则被定义为农药过量施用。通过这种研究方法，许多文献从经济学意义上判断农户在农业生产中是否过量施用了农药。但是采用边际收益与边际成本相等理论来定义农户是否过量施用农药，无法解决农业生产中某一次病虫害防治所施用的农药对产量的影响问题。目前仅有一篇文献从病虫害防治技术的角度对农药过量施用与不足施用问题进行讨论，其指出病虫害防治的农药最佳施用量应该在农药标准推荐施用量的区间范围之内，如果农药施用量小于推荐施用量的最小值，则为农药的不足施用；如果农药施用量大于推荐施用量的最大值，则为农药的过量施用。但是，该文献并未讨论病虫害防治中农药过量施用与不足施用的决定因素。

也有文献讨论了病虫害防治中的农药错误施用现象。但是，现有文献并没有对农药错误施用形成一个统一的概念，而是将与农药施用相关的所有不正确行为（包括农药过量施用、农药错误处理、施药时不采用防护措施等）都定义为农药的错误施用。如果农户在农业生产中施用了错误的农药品种防治病虫害，不但不能够有效防治病虫害的发生（农药不足施用），同时还会对周边农户的病虫害防治造成压力，导致农药的过量施用。但是，目前尚未有研究从病虫害防治技术的角度分析农药的正确与错误施用行为。

农业技术推广服务与农业社会化服务组织为农户在农业生产中的农药施用提供了技术信息。现有文献已经关注到农业技术信息对农户农药施用行为的影响，也讨论了不同信息传递方式对农户农药施用行为的影响，但是研究不同类型技术信息对农户病虫害防治行为影响的文献并不多见。农药施用技术信息包括了决定病虫害防治时间的技术信息、决定农药施用量的技术信息和决定农药施用品种的技术信息，农户在不同的农药施用步骤可能选择不同的技术信息来源，但是较少有文献对这些技术信息来源进行详细的报道与研究。其次，病虫害防治包括了虫害防治、病害防治和草害防治，即使是同一种技术信息来源，其对不同类型病虫害防治的农药施用行为影响也可能是存在差异的，但是目前尚未有文献对其进行研究。

2.9 本章小结

本章从中国农药产业政策及施用现状研究、农药的正外部性与负外部性研究、农药施用行为及决定因素研究、农药过量与不足施用研究、农药正确与错误施用研究、农业技术推广与农业社会化服务研究和农户行为理论研究等方面进行了文献综述与评价。从本章的分析中，可以得到以下几个结论：

第一，中国政府曾经一度采取鼓励农药施用的政策，包括给农药生产企业提供生产补贴，限制农药最高限价，农药专营政策等，这些限制农药价格提高的政策是造成农户过量施用农药的原因之一。尽管政府出台了一系列政策以减少农药施用量，但是政策实施效果并未达到预期。

第二，农药挽回了病虫害发生所导致的粮食产量损失，在保障粮食安全与稳定粮食价格方面发挥了重要作用。但是农药过量施用、不足施用和错误施用所引发的环境污染、农民健康、病虫害抗药性等问题引发了学术界对农药施用问题的高度重视，因此有必要对农户的农药施用行为进行详细的剖析。

第三，农户农药施用行为的决定因素是多方面的。主要包括个人与家庭特征因素，风险偏好与知识水平因素、技术采用与技术培训因素、病虫害发生类型因素与社会经济因素等。

　　第四，农户在农药施用过程中，普遍存在农药过量施用问题。如果从病虫害防治技术的角度分析，则病虫害防治中存在农药过量施用与不足施用并存的现象。此外，尚未有研究从病虫害防治技术的角度对农药的正确施用与错误施用提供一个明确的概念解释。

　　第五，农业技术推广与农业社会化服务为农户提供了农药施用技术信息。作为技术性很强的投入品，农户在农业生产中对农药的投入除了依赖个人经验外，还需要从外部渠道获取农药施用技术信息，但是不同信息来源对农户农药施用行为产生的影响存在差异。

　　第六，学术界对于农户的行为理论分析主要包括了组织与生产学派、理性小农学派和历史学派。此外，中国农户在农业生产中处于半自给半商业化的阶段，其农药施用行为在"为赚钱而生产"的农业盈利性生产行为中和"为自用而生产"的农业保障性生产行为中是存在差异的。

第 3 章

研究理论、方法与数据

■ 3.1 研究理论基础

3.1.1 农户行为理论

农户行为理论是本书的理论基础，即农户是理性"经济人"，其各项生产活动以追求利润最大化为目标。农药作为其农业生产投入的一种要素，其投入目标也在于追求利润最大化，即农药投入的边际收益等于边际成本时，农户的农药施用量达到最优经济施用量[①]。

本书借鉴经典经济学研究框架中关于农户理性"经济人"的假设，认为农户的农药投入目标在于追求利润最大化，当农药的边际收益等于边际成本时，农户的农药施用量达到最优。同时，也借鉴组织与生产学派的农户生产以满足家庭自给自足为目标的假设，并假定较小的耕地规模会影响农户的要素投入。

[①] Sexton S. E., Lei Z., Zilberman D. The Economics of Pesticides and Pest Control [J]. *International Review of Environmental and Resource Economics*, 2007, 1 (3): 271 – 326.

3.1.2　农药投入品的特征

农药投入与其他要素投入对农产品产量的影响不同，具有明显的特征。对于农业生产而言，农产品的产量并不随着农药投入的增加而呈现持续增加或者达到一定程度后呈现下降的趋势，而是有一个最大值（见图 3-1）。即农药投入量在 P 点达到可以全部杀死病虫害之后，随着农药投入量的增加，农产品的产量保持在 A 点不变。这就决定了农药的投入存在着不足（随着农药投入量的增加，病虫害对作物危害所造成的损失减小，农产品的产量会增加）、适量（刚好杀死病虫害，病虫害对作物危害所造成的损失为 0，农产品的产量最大）和过量（所投入的农药确保已全部杀死病虫害，当投入继续增加时，并未使病虫害的发生减少，从而不会影响农产品的产量）。这一农药投入特征也是本书的理论基础之一。

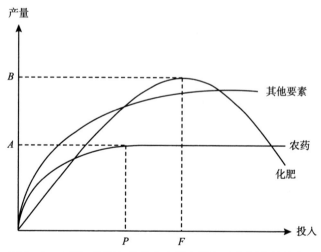

图 3-1　农药、化肥与其他生产要素投入对产量的影响特征

与农药不足投入和过量投入的概念类似，作为技术性很强的农药投

人，也存在着正确施用与错误施用所导致的投入有效与无效的问题。当农户错误施用农药时，如果该种农药无法防治病虫害，其投入是无效的，无法减少由于病虫害危害所造成的产量损失；如果该种农药可以杀死病虫害，但因为其防治效果不好或者对人和其他动物健康有害，则会带来较为严重的负外部效应。农药投入这一技术特征也是本书的理论基础之一。

农药投入的有效性也与病虫害发生的时效性有关。农作物病虫害发生的时效性很强，即一旦发生病虫害，如果不及时防治或者错过最佳防治期，就可能造成极大损失甚至农作物绝收的风险。这一特征也是农户是否施用农药防治病虫害的理论依据之一。

3.1.3 信息不对称与公益性服务

作为技术性很强的投入品，农户对农药的投入存在着信息不对称现象。在农户缺乏相关知识的条件下，信息是农户农药投入的唯一依据。这些信息的正确与否直接影响了农户的农药投入量。在信息提供者与所提供的信息没有利益关系的条件下，所提供的信息将会最大程度地保障其无偏性与准确性；相反，如果存在着利益关系，则受到相关利益人的影响，所提供的信息会朝着不同的方向偏离[①]。

为了确保信息提供者能够提供正确无偏的技术信息，国际上普遍的做法是由政府部门提供公益性的技术信息服务。即政府支付信息提供者的相关费用，由其为相关信息需求者提供免费的公益性信息服务[②]。

农业生产中的农药投入，对技术的采用符合信息不对称理论的全部条件。作为生产资料提供方的农药销售者，在农户（消费者）购买农

---

① 孙生阳，胡瑞法，张超. 技术信息来源对水稻农户过量和不足施用农药行为的影响 [J]. 世界农业，2021，5（8）：97 – 109.

② Babu S. C. , Huang J. , Venkatesh P. , et al. A Comparative Analysis of Agricultural Research and Extension Reforms in China and India [J]. *China Agricultural Economic Review*，2015，7 (4)：541 – 572.

药时，会向其提供农药施用的相关技术信息。受其利益驱使，在农户不掌握相关技术信息的条件下，会向农户提供过多的农药施用量或者不正确的农药品种信息，最终导致农户对农药的过量施用或者不正确施用[1]。

为了使农户正确合理地施用农药，政府为其提供了大量的公益性技术信息服务。这些服务在提高农户知识技术水平的同时，也提高了其辨别是否正确合理施用农药的能力[2]。需要说明的是，在农户未完全掌握农药施用的相关知识与技术的情况下，与完全掌握农药知识与技术的农户相比，即使其接受了政府农技部门的公益性服务，其农业生产的产量也不一定高。

还需要说明的是，在互联网等信息技术高度发达的今天，相关网络媒体也为农户的农业生产提供了充分的无偏的技术信息。如果农户有足够的能力从互联网等媒体获取相关农药施用的技术信息，其在生产上对农药的投入与接受政府部门公益性服务类似，甚至要好于政府部门的信息服务。

3.2 研究概念的界定与测算方法

3.2.1 农药最佳经济施用量

按照经济学原理，当边际收益等于边际成本时，利润最大，其投入

---

① Jin S., Bluemling B., Mol A. P. J. Information, Trust and Pesticide Overuse: Interactions between Retailers and Cotton Farmers in China [J]. *NJAS – Wageningen Journal of Life Sciences*, 2015, 72 – 73: 23 – 32.

② Yang P., Iles M., Yan S., et al. Farmers' Knowledge, Perceptions and Practices in Transgenic Bt Cotton in Small Producer Systems in Northern China [J]. *Crop Protection*, 2005, 24 (3): 229 – 239.

便为最佳投入量。本书也界定农药投入的边际收益和农药投入的边际成本相等时的投入量为农药最佳经济施用量。

需要说明的是，作为防治病虫害危害的农药投入与化肥、机械等投入品不同，该项投入对作物单产的增长没有直接影响，但可以防止或者减小由于病虫害危害所造成的产量损失。为此，按照把农药投入定义为风险控制（damage control）投入的方法[①]，构建了农药的风险控制投入生产函数：

$$Y = AZ^{\beta} \left[G(X) \right]^{\gamma} \tag{3.1}$$

在这里，Y 代表农作物单位面积产量，Z 包括了除农药投入外的一系列直接作用于农作物单位面积产量的其他影响因素，如单位面积化肥投入、单位面积劳动投入、自然灾害、技术进步、制度改革等；X 则代表单位面积农药投入，且 γ 在通常情况下假设为 1。

在这里，$G(X)$ 为风险控制分布函数，假设其满足 Exponential 形式，则：

$$G(X) = 1 - e^{-\lambda X} \tag{3.2}$$

通过上述式（3.1）和式（3.2），可以计算农药投入的边际产出为：

$$\frac{\partial Y}{\partial X} = \lambda AZ^{\beta} e^{-\lambda X} \tag{3.3}$$

农药投入为单位面积的农药投入费用，根据微观经济学中利润最大化的分析逻辑，当边际收益等于边际成本时，利润实现最大化。在这里，农药的边际收益等于农药的边际产出乘以当年的粮食价格，而农药的边际成本则为 1 元农药的投入。因此，农药的最佳经济投入为：

$$X^{*} = \frac{1}{\lambda} \ln \left[\frac{P^{y} \cdot \lambda A (Z^{*})^{\beta}}{P^{x}} \right] \tag{3.4}$$

其中，Z^{*} 代表农药最佳经济投入情况下其他生产要素的投入，P^{y} 代表当年的粮食价格，P^{x} 代表农药的边际成本乘以当年农药价格指数

---

① Lichtenberg E. , Zilberman D. The Econometrics of Damage Control：Why Specification Matters［J］. *American Journal of Agricultural Economics*，1986，68（2）：261 – 273.

变化的比例。根据上述公式，当农药的实际投入大于农药的最佳经济投入时，农药被定义为过量施用。

3.2.2　农药过量与不足施用

式（3.4）的最佳投入量也常被学者用来研究农户农药施用的过量与否问题。然而，在农业生产中，农户所面临的是多种病虫害的暴发与防治。如果农户不防治其中一种主要病虫害，就有可能导致其农作物产量大幅度地降低。因此，采用边际收益与边际成本相等理论来定义农户是否过量施用农药，无法解决某一次病虫害防治时所施用的农药对产量的影响问题。为此，本书采用指数当量法来研究农户的农药过量施用与不足施用问题。

在农业生产中，农户通常施用多种类型的农药（pesticide cocktail）来防治同一种病虫害，但是由于每种农药针对该种病虫害的推荐施用剂量存在差异，因此不能将推荐施用剂量不同的农药进行简单地加总来判断病虫害防治所施用的农药是否存在过量施用与不足施用的问题。为此，张超等（2015）提出了指数当量法（quasi-proportional index amount approach），其在研究中指出，假设农户在病虫害防治过程中，同时施用农药 P_1 和 P_2 来防治同一种病虫害，其中 P_1 为参考农药，根据中国农药信息网（http://www.chinapesticide.org.cn/）发布的农药品种注册信息，可以查询到农药 P_1 和 P_2 防治该种病虫害时的推荐施用剂量分别为 $[A_1, B_1]$ 和 $[A_2, B_2]$[1]。假设农药 P_2 的实际施用量为 M_2，则其对于参考农药 P_1 的指数当量为 M_2^{index}。因此，对于防治该种病虫害的农药施用情况存在以下三种情况：

（1）如 $M_2 < A_2$，则有 $M_2/A_2 = M_2^{index}/A_1$。求解可得 M_2 对于参考农药 P_1 的指数当量为：

---

① Zhang C., Hu R., Shi G., et al. Overuse or Underuse? An Observation of Pesticide Use in China [J]. *Science of The Total Environment*, 2015, 538: 1–6.

$$M_2^{index} = M_2 \times (A_1 / A_2) \qquad (3.5)$$

（2）如 $A_2 \leqslant M_2 \leqslant B_2$，则有 $(M_2 - A_2)/(B_2 - M_2) = (M_2^{index} - A_1)/(B_1 - M_2^{index})$。求解可得 M_2 对于参考农药 P_1 的指数当量为：

$$M_2^{index} = \left[M_2 \times (B_1 - A_1) + (A_1 B_2 - A_2 B_1) \right] / (B_2 - A_2) \qquad (3.6)$$

（3）如 $M_2 > B_2$，则有 $M_2 / B_2 = M_2^{index} / B_1$。求解可得 M_2 对于参考农药 P_1 的指数当量为：

$$M_2^{index} = M_2 \times (B_1 / B_2) \qquad (3.7)$$

本书通过采用上述指数当量法，可以把农户防治该种病虫害所施用的所有农药的指数当量加总而得到 M^{index}。假设农户在防治该种病虫害是共施用了 n 种农药，记为 $P_i(i = 1, 2, 3, \cdots, n)$，则防治该种病虫害的农药施用总指数当量为：

$$M^{index} = \sum M_i^{index}, \ (i = 1, 2, \cdots, n) \qquad (3.8)$$

基于农药施用总指数当量，可以判断农户在防治该种病虫害时是否存在适量施用、过量施用与不足施用农药的行为，为此，本书同样定义了以下三种情况：

（1）农药过量施用：$M^{index} > B_1$；

（2）农药不足施用：$M^{index} < A_1$；

（3）农药适量施用：$A_1 \leqslant M^{index} \leqslant B_1$。

基于指数当量法的计算，可以清楚地判断农户在病虫害防治过程中是否存在农药过量施用或不足施用的问题，同时通过农药施用总指数当量与推荐施用剂量的比较，可以测算防治每一种病虫害的农药过量施用与不足施用程度：

$$Overuseamount = \left| M^{index} - B_1 \right| \qquad (3.9)$$

$$Underuseamount = \left| M^{index} - A_1 \right| \qquad (3.10)$$

其中，$Overuseamount$ 为防治该种病虫害的农药施用总指数当量与参考农药最大推荐施用剂量的差值，代表防治该种病虫害的农药过量施用程度；$Underuseamount$ 为防治该种病虫害的农药施用总指数当量与参考农药最小推荐施用剂量差值的绝对值，代表防治该种病虫害的农药不足施用程度。

3.2.3 农药正确与错误施用

与农药过量施用和不足施用不同，农户在农业生产中对农药的施用也存在着是否正确的问题，其结果会影响农药施用的有效性。为此，本书从病虫害防治技术角度定义农户的农药正确与错误施用。

本书根据中国农药信息网（http：//www. chinapesticide. org. cn/）提供的农药品种注册信息，以其所推荐的防治对象为标准，判断农户防治相应的病虫害时是否正确施用了农药。

为了不失一般性，本书假定农户同时施用农药 P_1、P_2 和 P_3 来防治同一种病虫害。根据中国农药信息网（http：//www. chinapesticide. org. cn/）提供的农药品种注册信息，可以查询到农药 P_1、P_2 和 P_3 的推荐防治对象范围。据此可以将农药正确施用的标准定义为农药的推荐防治对象范围是否包括了要防治的目标病虫害，如果农药的推荐防治范围包括了目标病虫害，则该农药被定义为正确施用，否则该农药为错误施用。

为了全面研究农户防治病虫害时农药的正确施用与错误施用情况，本书对农药的正确施用与错误施用进行了两种假定，如表 3-1 所示，（1）如果农药 P_1、P_2 和 P_3 中有至少有一种农药是正确施用的，那么就定义农户在防治该病虫害时正确施用了农药；（2）如果农药 P_1、P_2 和 P_3 全部是正确施用的，那么就定义农户在防治该病虫害时正确施用了农药。需要指出的是，部分农户并不能完全说出病虫害防治时所施用农药的化学名称或者商品名称，因此无法判断该种农药是否能够正确防治该种病虫害。

表 3 – 1   农药正确施用与错误施用的判断标准

情景	农药 P_1	农药 P_2	农药 P_3	标准 I	标准 II
1	√	√	√	正确	正确
2	√	√	×	正确	错误
3	√	√	o	正确	不清楚
4	√	×	×	正确	错误
5	√	×	o	正确	错误
6	√	o	o	正确	不清楚
7	×	×	×	错误	错误
8	×	×	o	不清楚	错误
9	×	o	o	不清楚	错误
10	o	o	o	不清楚	不清楚

注："√""×"分别代表该种农药能够正确、错误防治该种病虫害；"o"代表无法确定该种农药是否正确或者错误防治该种病虫害。

3.3 研究框架与理论假设

3.3.1 中国粮食作物农药施用及过量程度研究

目前关于农户农药过量施用的研究已有很多，但是这些研究多以截面数据或省级短期面板数据为研究对象，缺乏长时间序列上的多省份地区研究。另外，有文献指出中国自 1989 年开始允许农业技术推广人员销售化学农药的商业化改革政策加大了中国的农药施用量[①]。为了解决商业化带来的问题，中国政府自 2006 年开始，对基层农技推广机构重

[①] Huang J. , Qiao F. , Zhang L. , et al. Farm pesticides, Rice Production, and Human Health in China [R]. Singapore：Economy and Environment Program for Southeast Asia (EEPSEA)，2001.

新进行了体制改革，试图通过分离经营创收改革，促使农业技术推广人员做好技术服务工作，从而减少农药施用量①，但是尚未有研究对其改革效果进行实证评估。此外，中国长期以来对农药生产企业进行价格补贴政策，这些限制农药价格提高的政策可能也是导致中国农药施用量逐年增长的主要因素。

本书采用风险控制生产函数与全国农产品成本收益资料汇编提供的数据，首先讨论了中国 1985～2016 年期间，水稻、玉米和小麦主要种植省份的农药过量施用程度及农药投入的决定因素，具体研究框架如图 3-2 所示。

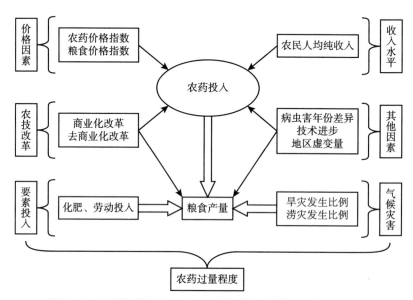

图 3-2　中国粮食作物生产中农药施用及过量施用的研究框架

根据上述研究框架以及 3.2.1 节中介绍的农药最佳经济施用量的测

---

① 黄季焜，胡瑞法，智华勇. 基层农业技术推广体系 30 年发展与改革：政策评估和建议 [J]. 农业技术经济，2009 (1)：4-11.

算方法，本书拟定的实证模型如下：

$$Yield = F(Input，Reform，Others) \times G(Pesticide) \qquad (3.11)$$

$$Pesticide = f(Price，Reform，Others) \qquad (3.12)$$

在式（3.11）中，*Yield* 为水稻、玉米和小麦的单位面积产量；*Input* 为直接生产要素投入，包括单位面积劳动力投入和单位面积化肥投入等；*Reform* 为中国农技推广体系改革，其中第一阶段改革为 1989 ~ 2005 年的中国农技推广体系商业化改革，第二阶段为 2006 ~ 2016 年的去商业化改革；*Others* 为其他控制变量，包括旱灾发生比例与涝灾发生比例、时间趋势等。*Pesticide* 为风险控制投入，即单位面积农药投入。根据 3.2.1 节中介绍的方法测算农药过量施用程度。

本书还对农药投入的决定因素进行了分析，在式（3.12）中，*Pesticide* 为水稻、玉米和小麦的单位面积农药投入；*Price* 为农药价格指数；*Reform* 为中国农技推广体系改革，其中第一阶段改革为 1989 ~ 2005 年的中国农技推广体系商业化改革，第二阶段为 2006 ~ 2016 年的去商业化改革；*Others* 为其他控制变量，包括农民的收入水平、粮食价格指数等。

在上述实证模型中，主要存在三个理论假设：

H1：中国农户在粮食生产中过量施用了农药。

H2：不同粮食作物间农药过量施用程度存在差异。

H3：农技推广体系改革影响农药施用量。

3.3.2　水稻农户的农药施用行为研究

本书还从病虫害防治技术的角度分析农户的农药施用行为，包括是否防治病虫害，如果防治，是否在病虫害防治中存在农药过量施用与不足施用、正确施用与错误施用等行为。基于此，本书对病虫害防治中的农药施用行为及其决定因素展开了讨论，具体研究框架如图 3 - 3 所示。

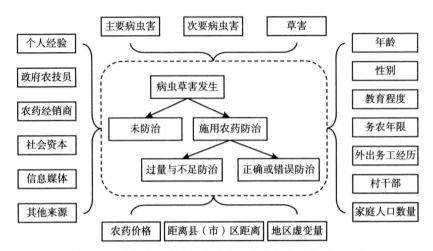

图 3 - 3　水稻农户病虫害防治中农药施用行为的研究框架

根据上述研究框架，本书拟定了如下实证模型如下：

$$Control = f(Price，Pests，Time，Others) \qquad (3.13)$$

在式（3.11）中，*Control* 为农户是否对发生的病虫害进行防治；*Price* 为防治该种病虫害时所施用农药的价格；*Pests* 为该病虫害的种类，主要包括主要病虫害、次要病虫害和草害；*Time* 为农户的病虫害防治时间技术信息来源；*Others* 为其他控制变量，主要包括农户的个人与家庭特征等。

在上述实证模型中，主要存在两个理论假设：

H4：农户对不同类型病虫害的防治行为存在差异。

H5：病虫害防治时间技术信息来源影响农户的病虫害防治行为。

如果农户对发生的病虫害进行防治，那么可能会存在过量施用与不足施用农药的问题，本书拟定的实证模型如下：

$$Overuse = f(Price，Pests，Amount，Others) \qquad (3.14)$$

$$Underuse = f(Price，Pests，Amount，Others) \qquad (3.15)$$

在式（3.14）和式（3.15）中，*Overuse* 和 *Underuse* 分别为农户是否过量施用和是否不足施用农药防治了病虫害；*Price* 为防治该种病虫

害时所施用农药的价格；*Pests* 为该病虫害的种类，主要包括主要病虫
害、次要病虫害和草害；*Amount* 为农户的农药施用量技术信息来源；
Others 为其他控制变量，主要包括农户的个人与家庭特征等。

在上述实证模型中，主要存在两个理论假设：

H6：农户在不同类型病虫害防治中的农药施用量存在差异。

H7：农药施用量技术信息来源影响农户病虫害防治过程中的农药
施用量。

类似的，如果农户对发生的病虫害进行防治，那么也可能存在是否
正确施用农药品种的问题，本书拟定的实证模型如下：

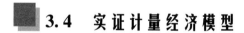

$$Correct = f(\ Pests\ ,\quad Varieties\ ,\quad Others\ ) \tag{3.16}$$

在式（3.16）中，*Correct* 为农户是否施用了正确的农药防治病虫
害；*Pests* 为该病虫害的种类，主要包括主要病虫害、次要病虫害和草
害；*Varieties* 为农户的农药施用品种技术信息来源；*Others* 为其他控制
变量，主要包括农户的个人与家庭特征等。

在上述实证模型中，主要存在两个理论假设：

H8：农户在不同类型病虫害防治中农药施用正确性存在差异。

H9：农药施用品种技术信息来源影响农户病虫害防治过程中的农
药施用正确性。

3.4　实证计量经济模型

3.4.1　多元线性回归模型

在研究农户病虫害防治中的单位面积农药施用量、病虫害防治农药
过量施用程度和病虫害防治农药不足施用程度时，被解释变量均为连续
变量。考虑到多元线性回归分析能够明确地控制其他影响被解释变量的
因素，重点研究目标变量对被解释变量的影响，因此本书构建关于农药

施用量、农药过量施用程度和农药不足施用程度的多元线性回归模型，并通过普通最小二乘法（Ordinary Least Squares，OLS）对其进行分析。为了得到所有待估参数的最佳线性无偏估计量（The Best Linear Unbiased Estimator，BLUE），采用普通最小二乘法进行多元线性回归还需满足线性于参数、不存在完全共线性、条件均值为零、同方差和无序列相关等假设[①]。在过往研究当中，大量文献采用普通最小二乘法对农户的单位面积农药施用量进行了分析研究[②]。

3.4.2 递归型联立方程组模型

与常规投入要素不同，农药投入不会直接提高粮食产量，其主要作用是挽回病虫害发生造成的粮食生产损失，如果把农药投入作为直接要素放入生产函数当中，则存在高估其生产率的可能，因此在许多研究当中，农药投入被定义为风险控制投入。基于风险控制模型为非线性的，通常可以通过最大似然估计法（Maximum Likelihood Estimate，MLE）或者非线性最小二乘法（Nonlinear Least Square，NLS）对其进行估计，但是这种估计方法忽略了农药投入的内生性问题。黄季焜等（Huang et al.，2002）的研究指出，农药投入与病虫害发生程度高度相关，当病虫害发生程度严重时，农户不但会加大农药的投入，同时粮食产量也会受到明显影响，因此农药投入在风险控制生产函数中可能存在内生性问题[③]。鉴于此，本书将上述式（3.11）和式（3.12）构建递归型联立方程组进行估计。即首先估计式（3.12）农药投入费用的方程，然后将农药投入费用的估计值作为风险控制生产函数中的解释变量，代入到式（3.11）

---

① Wooldridge J. M. *Introductory econometrics*：*A Modern Approach*（*Fifth Edition*）［M］. US：South – Western Cengage Learning，2012.

② 童霞，吴林海，山丽杰. 影响农药施用行为的农户特征研究［J］. 农业技术经济，2011（11）：71 – 83.

③ Huang J.，Hu R.，Rozelle S.，et al. Transgenic Varieties and Productivity of Smallholder Cotton Farmers in China［J］. *The Australian Journal of Agricultural and Resource Economics*，2002，46（3）：367 – 387.

的风险控制生产函数中进行估计。

3.4.3　Probit 模型

对于农户是否施用农药防治病虫害、病虫害防治过程中是否过量施用农药和是否不足施用农药、病虫害防治过程中是否正确施用农药的分析，是一个典型的二元选择问题，可以采用 Probit 模型或者 Logit 模型对其进行估计。在二元选择模型中，估计量的系数并非边际效应，可以通过 Stata13 中的 dprobit 命令计算模型的平均边际效应，为了便于比较不同因素对于农户病虫害防治行为的边际影响，本书选择 Probit 模型对其进行估计。

3.4.4　Tobit 模型

本书以每个水稻农户正确防治病虫害的次数占其全部病虫害防治次数的比例来代表该农户的病虫害正确防治率。但是研究发现，部分农户存在完全错误防治或者完全正确防治病虫害的情况，即农户的病虫害正确防治率具有被压缩到 0 或者 100 的特征，这是一个典型的受限被解释变量模型，在这种情况下如果使用传统的普通最小二乘法估计，可能不能得到最佳线性无偏估计量。为此，本书采用 Tobit 模型对其进行估计①。

■ 3.5　研　究　数　据

根据研究框架的安排，本书主要采用了两部分数据进行研究。一是国家发展和改革委员会历年的主要农产品生产成本和收益资料数据，用

---

① Tobin J. Estimation of Relationships for Limited Dependent Variables ［J］. *Econometrica*, 1958, 26 (1): 24 – 36.

于研究中国 1985～2016 年粮食作物生产中农药的施用情况，进而判断中国不同粮食作物之间的农药过量施用程度是否存在差异，以及农药投入的决定因素等。二是课题组 2016 年 10～12 月对江苏、浙江、贵州、广东和湖北的水稻生产农户大样本随机调查数据（笔者直接参与并负责一个调查队的全部调查工作），研究水稻农户在病虫害防治过程中的农药施用行为。

3.5.1 二手数据

该项数据来源主要用于比较研究三大粮食作物（水稻、小麦、玉米，见第 4 章）的农药施用现状。研究共包括 1985～2016 年 22 个省份，其中包括 14 个主要水稻种植省份、13 个主要玉米种植省份和 13 个主要小麦种植省份（见表 3－2）。

表 3－2 　　　　　　　　　　中国水稻、玉米和小麦的主要种植省份

作物	主要种植省份
水稻	辽宁、吉林、黑龙江、江苏、浙江、安徽、福建、江西、湖北、湖南、广东、广西、四川、云南
玉米	河北、山西、内蒙古、辽宁、吉林、黑龙江、江苏、山东、河南、四川、云南、陕西、新疆
小麦	河北、山西、黑龙江、江苏、安徽、山东、河南、湖北、四川、云南、陕西、甘肃、新疆

采用的数据除了国家发展和改革委员会出版的《全国农产品成本收益资料汇编》外，还包括国家统计局等部门出版的统计资料，如 1986～2017 年的《中国统计年鉴》及《中国农村统计年鉴》。表 3－3 展示了主要的统计指标与数据来源。

表 3 – 3　　中国水稻、玉米和小麦生产的主要统计指标与数据来源

变量	单位	数据来源
粮食单位面积产量	公斤/公顷	《中国统计年鉴》（1986～2017 年）
用工数量	日/公顷	《全国农产品成本收益资料汇编》（1986～2017 年）
农药费用	元/公顷	《全国农产品成本收益资料汇编》（1986～2017 年）
化肥费用	元/公顷	《全国农产品成本收益资料汇编》（1986～2017 年）
化学农药生产资料价格指数	1985 = 100	《中国统计年鉴》（1986～2017 年）
粮食零售价格指数	1985 = 100	《中国统计年鉴》（1986～2017 年）
农民人均纯收入	元	《中国统计年鉴》（1986～2017 年）
旱/涝灾发生面积比例	%	《中国农村统计年鉴》（1986～2017 年）

3.5.2　农户调查数据

为了研究农户在水稻生产中病虫害防治的农药施用行为，课题组选取了水稻（长江中下游、华南和西南）的主产区进行调研。本次调查所包括的省份分布为：江苏、浙江、贵州、广东和湖北。对于所选取的样本省份，采用随机抽样的方法选择样本县、乡、村与农户。对于所选择的每个样本省份，将每个省的所有县（市、区）按照农民人均纯收入的高低分成两组，从每组中随机抽取四个县作为样本县，在此基础上，按照同样的方法在每县抽取两个样本乡、每乡抽取两个样本村、每村抽取 20 个样本农户。课题组共调查了 5 个省 18 个县 37 个乡 71 个行政村 1 223 户农户（其中广东省和贵州省的调查由于兼顾茶叶和水稻，为了不失样本的一般性，故也将广东省和贵州省的水稻农户样本包含在内）。调查发现，在 1 223 户农户中，施用农药的农户为 1 172 户，其中能够提供防治病虫害名称的农户为 1 135 户。鉴于此，本书将根据研究内容在后续章节中分别采用不同的样本开展研究，在第 5 章中，对 1 172 户施用农药的农户农药施用实践进行研究；在第 6 章、第 7 章和

第8章中，对 1 135 户能提供防治病虫害名称的农户进行研究。

为了达到研究目标，课题组设计了一份结构式问卷对农户进行一对一的调查。在设计问卷期间，课题组与农业农村部全国农业技术推广服务中心就问卷设计进行多次讨论与修改，并邀请经济学、农学、植保学等相关领域专家对调查问卷进行了讨论。同时，为了保证调查问卷的可靠性，课题组于 2016 年 7 月赴北京市房山区窦店镇进行问卷的预调查，在预调查期间，根据发现的问题对问卷再次进行了调整与修改，保证了问卷质量。

为了把握调查问卷的质量，课题组于 2016 年 10 月对调查队员进行了集中培训，就研究背景、问卷设计思路进行了解释，并对问卷的主要难点进行了详细说明。在调查过程当中，课题组十分重视问卷的查验工作，当每天的问卷调查结束后，课题组分别进行了自查、互查、带队老师签字检查三个步骤。

课题组的调查主要围绕农户的个人及家庭劳动力特征，包括农户的性别、年龄、受教育年限、是否为村干部、是否为党员、家庭财产、2015 年 50% 以上时间从事的工作、2015 年非农收入情况，参加劳动年龄、务农时间、非农时间、完全不劳动时间等。核心问卷内容详见附录 1 和附录 2。

课题组还对农户农药施用技术信息来源进行了调查，主要包括农药施用时间信息来源、农药施用量信息来源以及农药施用品种信息来源等。课题组分别提供的信息来源选项包括：自己经验、父母传授、亲戚邻居、农药生产企业、农药销售店、手机上网、电脑网络、广播电视、农民组织和其他信息来源等。核心问卷内容详见附录 3。

为了详细掌握农户病虫害防治的农药施用行为，课题组对农户的杀虫剂、杀菌剂和除草剂施用情况进行了全面调查。课题组调查的农药施用信息主要包括：农药施用次数、施药者、施药日期、施药方式、用工与花费、杀虫剂、杀菌剂和除草剂的化学名称、防治对象、有效成分（%）、农药用量、农药价格等。核心问卷内容详见附录 4 和附录 5。

　　同时为了判断农户在病虫害防治过程中是否存在农药过量施用与不足施用、正确施用与错误施用等行为，课题组通过中华人民共和国农业农村部农药检定所的官方网站中国农药信息网（http：//www. chinapesticide. org. cn/），查询了农户所施用的每一种农药的推荐防治对象以及针对不同防治对象的推荐农药施用量。

第 4 章

中国主要粮食作物生产的
农药投入及其差异研究

　　自 20 世纪 90 年代开始，中国已经成为世界上最大的农药施用国，农药一方面在挽回病虫害发生导致的粮食损失方面发挥了重要作用，但另一方面也对生态环境、农民健康和食品安全等造成了一系列的负面影响。农业部于 2015 年颁布的《到 2020 年农药使用量零增长行动方案》明确指出，到 2020 年，单位防治面积农药施用量控制在近三年平均水平以下，力争实现农药施用总量零增长。但是，中国目前的农药施用现状是什么？不同粮食作物间的农药过量施用程度是否存在差异？以及中国政府农业技术推广体系改革对农药施用量是否产生了影响？目前的研究并没有给出明确的答案。

　　首先，已有的相关研究多数采用农户调查数据，受到调查样本与客观条件的限制，调查数据不能全面反映中国粮食作物农药过量施用的总体情况；其次，现有研究多是选择以某省或者某些地区的横截面数据作为研究对象，研究区域与时间跨度的不足导致了不能对农药过量施用程度的时间变化趋势进行研究；最后，中国拥有世界上最大的农业技术推广服务体系，有文献指出农技推广体系的商业化改革导致了中国农药施用量的增加，但是目前并没有相关的实证研究为这一结论提供实证证据。鉴于此，本章以中国 1985～2016 年水稻、玉米和小麦生产为研究对象，在控制不同年份间病虫害发生程度的条件下，研究中国在水稻、玉米和小麦生产中农药施用的现状并进行比较，同时研究中国农技推广体系的商业化改革与去商业化改革对农药施用与粮食产量的影响。

4.1　中国农药施用与农业技术推广体系改革

4.1.1　中国农药生产与施用的现状

中国农药施用量呈现总体上升的趋势。1991 年，中国农药施用总量约为 76.53 万吨，之后一直保持逐年增长的态势，尽管在 2000 年和 2001 年出现了小幅度的降低，但是自 2002 年开始，中国的农药施用量又进入快速增长期，截至 2016 年，中国的农药施用总量已经达到了 174 万吨（见图 4 - 1）。需要指出的是，从 2014 年开始，中国的农药施用量出现了小幅度的回落趋势，但是总体上看，中国依然是世界上农药施用量最多的国家[①]。

中国的农药生产量曾经无法满足农业生产的需求。从农药的生产情况看，尽管中国的农药生产量也在逐年上涨，但是在 2006 年以前农药的生产量是低于农药施用量的（见图 4 - 1）。这个结果说明，中国 20 世纪 90 年代以来的农药工业虽然发展迅速，但是依然不能满足中国农药施用量快速增长的需求。从 2007 年开始，中国的农药工业进入到新的发展阶段，农药产量增长迅速，从 2007 年的 176.48 万吨增长到 2016 年的 320.97 万吨，增长了 81.9%。此外，研究还发现，2007 年后中国的农药产量不但增长迅速，而且远高于农药施用量，以 2014 年为例，中国的农药施用量为 180.69 万吨，而农药生产量为 374.4 万吨，农药

[①]　Sun S., Zhang C., Hu R. Determinants and Overuse of Pesticides in Grain Production: a Comparison of Rice, Maize and Wheat in China [J]. *China Agricultural Economic Review*, 2020, 12 (2): 367 - 379.

产业出现供过于求的局面（见图 4-1）。

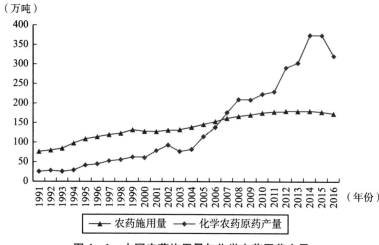

图 4-1 中国农药施用量与化学农药原药产量

资料来源：国家统计局网站，http://www.stats.gov.cn/tjsj/。

4.1.2 中国主要粮食作物的农药投入与单产变化

自 20 世纪 80 年代中期以来，中国主要粮食作物生产的单位面积农药费用呈现持续波动上升的趋势（见图 4-2）。1985 年，中国水稻、玉米、小麦的单位面积农药费用分别为 41.83 元/公顷、2.88 元/公顷和 6.46 元/公顷，在控制物价的条件下，2016 年，中国水稻、玉米、小麦的单位面积农药费用分别为 233.29 元/公顷、64.29 元/公顷和 69.83 元/公顷，分别是 1985 年的 5.58、22.29 和 10.81 倍。从作物之间的比较来看，中国水稻的单位面积农药费用明显高于玉米与小麦的单位面积农药费用，水稻的年均单位面积农药费用约为玉米的 3.6~14.5 倍，约为小麦的 3.5~6.5 倍。尽管水稻生产中单位面积农药费用最高，但是从增长速度上来看，玉米与小麦的单位面积农药费用增长较快（见图 4-2）。

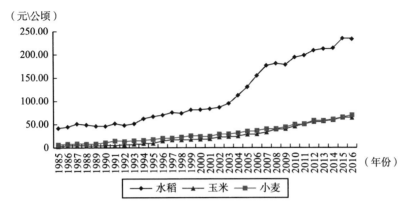

图 4 – 2　样本省份水稻、玉米和小麦单位面积农药费用（1985 年不变价）

资料来源：《全国农产品成本收益资料汇编》（1986～2017 年）。

1985～2016 年期间，中国水稻、玉米和小麦的单位面积产量依然呈现持续波动上升的趋势。1985 年，中国水稻、玉米和小麦的单位面积产量分别为 5 214.21 公斤/公顷、3 703.8 公斤/公顷和 2 782.61 公斤/公顷，到 2016 年，中国水稻、玉米、小麦的单位面积产量分别增长到 6 981.54 公斤/公顷、5 976.82 公斤/公顷和 4 623.65 公斤/公顷，与 1985 年相比分别为原来的 1.34、1.61 和 1.66 倍（见图 4 – 3）。通过与图 4 – 2 的对比可以发现，中国水稻、玉米、小麦生产中单位面积农药费用的增长速度明显高于其单位面积产量的增长速度。

4.1.3　农药施用与政府农业技术推广体制改革

1978 年改革开放以后，中国的农业技术推广服务体系不断得到发展和完善，对于中国农业生产率的提高发挥了关键作用①。为了更好地发挥农业技术推广队伍为农户提供技术指导的作用，同时减轻庞大推广

---

①　黄季焜. 四十年中国农业发展改革和未来政策选择［J］. 农业技术经济，2018（3）：4 – 15.

队伍带来的财政负担，中国农业技术推广体系先后经历了商业化改革与去商业化改革两个阶段①。

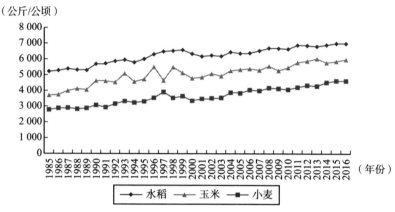

（公斤/公顷）

图4-3 样本省份水稻、玉米和小麦单位面积产量

资料来源：《中国统计年鉴》（1986～2017年）。

1989年开始了商业化改革与第一次"三权"下放。受到庞大农业技术推广人员队伍带来的财政负担，自1989年开始，政府对农业技术推广服务部门进行商业化改革，同时推广山东的"莱芜经验"，将乡镇农技推广服务站的人、财、物管理权（三权）由县下放到乡，这不仅对中国的国家农业技术推广服务体系造成了冲击，使基层农技推广体系出现了"网破、线断、人散"的现象，而且允许农技人员从事农业生产资料经营工作也导致中国农药施用量的增加②。可以看出，按照1985年不变价计算，除了极少数地区在粮食生产中出现1989～2005年期间

① 黄季焜，胡瑞法，智华勇. 基层农业技术推广体系30年发展与改革：政策评估和建议 [J]. 农业技术经济，2009（1）：4-11.
② 胡瑞法，黄季焜，李立秋. 中国农技推广体系现状堪忧——来自7省28县的典型调查 [J]. 中国农技推广，2004（3）：6-8.

的单位面积农药费用低于改革前的情况以外，绝大多数地区在粮食作物生产中，单位面积农药费用在商业化改革阶段均呈现上升的趋势。在商业化改革期间，江苏、云南与浙江水稻生产中的单位面积农药费用均比改革前高出两倍左右；河北、河南、黑龙江、辽宁与山东玉米生产中的单位面积农药费用均比改革前高出五倍左右，其中黑龙江在商业化改革期间单位面积农药费用是改革前的14.4倍；类似的，在商业化改革期间，黑龙江在小麦生产中单位面积农药费用是改革前的7.3倍（见表4-1）。

表4-1　中国农业技术推广体制改革期间样本省份单位面积农药费用

作物	省份	分时间段年均单位面积农药费用（元/公顷）			
		1985~1988年	1989~2005年	2006~2016年	1985~2016年
水稻	安徽	25.1	49.5	172.2	88.6
	福建	56.7	94.5	199.5	125.9
	广东	48.1	73.8	215.6	119.3
	广西	43.8	85.8	275.7	145.8
	黑龙江	79.3	68.8	105.2	82.6
	湖北	35.1	59.7	225.0	113.4
	湖南	51.9	96.1	233.4	139.1
	吉林	70.9	59.6	105.9	77.5
	江苏	39.9	90.2	238.7	136.4
	江西	36.7	85.3	264.5	140.8
	辽宁	69.0	85.6	158.0	108.4
	四川	25.8	36.8	70.7	47.1
	云南	22.1	48.5	140.6	75.6
	浙江	49.4	111.2	374.3	193.9
	全部省份	46.7	74.7	198.9	114.0

续表

作物	省份	分时间段年均单位面积农药费用（元/公顷）			
		1985~1988 年	1989~2005 年	2006~2016 年	1985~2016 年
玉米	河北	3.9	19.8	59.6	31.5
	河南	1.9	18.1	60.2	30.5
	黑龙江	1.0	13.7	45.4	23.7
	吉林	5.3	18.3	78.1	37.8
	江苏	5.6	22.2	70.4	36.7
	辽宁	3.1	24.7	51.7	31.5
	内蒙古	4.1	7.3	25.7	13.6
	山东	5.6	28.7	62.5	37.7
	山西	2.6	3.7	20.5	9.3
	陕西	1.6	3.7	26.3	11.2
	四川	3.3	12.5	51.0	24.6
	新疆	8.1	10.9	23.9	15.5
	云南	7.9	11.7	63.6	30.3
	全部省份	4.1	15.0	49.1	25.7
小麦	安徽	4.4	15.5	67.8	32.1
	甘肃	11.0	23.0	46.2	29.4
	河北	6.3	20.4	54.2	30.3
	河南	5.5	21.8	66.3	35.1
	黑龙江	1.5	10.7	21.7	13.3
	湖北	8.1	23.6	62.1	35.7
	江苏	16.8	49.5	123.1	70.7
	山东	6.6	24.0	45.1	29.1
	山西	3.9	14.2	30.4	18.5
	陕西	4.1	13.9	32.9	19.2
	四川	8.6	24.0	58.6	34.0
	新疆	16.7	15.3	24.7	18.7
	云南	9.0	20.2	46.7	27.9
	全部省份	7.9	21.2	52.3	30.3

注：按照 1985 年不变价进行计算。

资料来源：《全国农产品成本收益资料汇编》（1986~2017 年）。

　　中国于 2006 年开始了新一轮的农业技术推广服务体系改革。为了解决农业技术推广商业化改革带来的问题，国务院于 2006 年颁发了《关于深化改革加强基层农业技术推广体系建设的意见》，要求各地全面开展改革，虽然新一轮的农技推广体系改革显著提高了农技推广单位的经费收入，增加了农技人员下乡为农户提供技术服务的时间，但是依然存在农技推广行政化、政府公共信息服务能力弱化等问题，而且并没有改变农药施用量增加的趋势[①]。研究发现，按照 1985 年不变价计算，单位面积农药费用依然呈现上升的趋势，水稻、玉米和小麦在 2006 ~ 2016 年期间年均单位面积农药费用分别为 198.9 元/公顷、49.1 元/公顷、52.3 元/公顷，较 1989 ~ 2005 年商业化改革期间分别为原来的 2.7、3.3、2.5 倍。各省的农药施用情况也呈现类似的趋势，均较商业化改革期间出现了较大幅度的增长（见表 4 – 1）。

4.2　计量模型与结果分析

4.2.1　计量模型设定

　　为了比较不同粮食作物间农药过量施用程度的差异，以及中国农技推广体系的商业化改革与去商业化改革对农药投入费用的影响，按照第 3 章所述的研究框架和实证计量经济模型的要求，并结合研究所用数据的实际情况，构建了采用 Exponential 函数形式的风险控制生产函数：

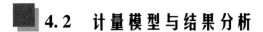

$$\ln Y_{it} = \alpha + \rho_1 \ln Fert_{it} + \rho_2 \ln Labor_{it} + \ln[1 - e^{-\lambda X_{it}}] + \rho_3 AESR_{it}^{1989 \sim 2005}$$
$$+ \rho_4 AESR_{it}^{2006 \sim 2016} + \rho_5 Drought_{it} + \rho_6 Flood_{it} + \rho_7 Trend_t + \mu_i + \upsilon_{it}$$

$$(4.1)$$

---

　　① 孙生阳，孙艺夺，胡瑞法，等. 中国农技推广体系的现状、问题及政策研究 [J]. 中国软科学，2018（6）：25 – 34.

其中，i 和 t 分别表示第 i 个省份和第 t 年；被解释变量 Y 是粮食作物的单位面积产量；解释变量 $Fert$ 是单位面积化肥投入费用；$Labor$ 是单位面积劳动投入时间；X 是单位面积农药投入费用；解释变量 $AESR^{1989\sim2005}$ 与 $AESR^{2006\sim2016}$ 为年份虚变量，分别代表中国农技推广体系的商业化改革与去商业化改革；$Drought$ 与 $Flood$ 分别代表旱灾与涝灾发生的比例。$Trend$ 和 μ 分别是年份和地区效应；ν 是随机误差项。$\rho_1\sim\rho_7$ 均为待估系数。其中粮食作物的单位面积产量、单位面积化肥投入费用、单位面积劳动投入时间、单位面积农药投入费用等均以对数形式在模型中呈现。

需要说明的是，在传统的 Exponential 函数中，一个假定是风险控制因子 λ 在观察期间内保持不变。但是在实际农业生产中，病虫害的发生程度会呈现出年份间的差异，因此在实际操作中，通常将风险控制因子 λ 表示成时间序列的函数形式，即：

$$\lambda = \lambda_0 + \sum \lambda_{year} D_{year} \tag{4.2}$$

其中，D_{year} 表示年份虚变量，λ_0 表示对照年份 1985 年的农药投入对粮食产量的影响。

如第 3 章所述，为了解决农药投入的内生性问题，本书构建了递归型联立方程组。首先估计农药投入费用的方程，然后将农药投入费用的估计值作为风险控制生产函数中的解释变量，代入到式（4.1）中进行估计。农药投入费用的估计模型可以表示为：

$$\ln X_{it} = \xi_0 + \xi_1 AESR_{it}^{1989\sim2005} + \xi_2 AESR_{it}^{2006\sim2016} + \xi_3 \ln Income_{i,t-1}$$
$$+ \xi_4 \ln IP_{it}^y + \xi_5 \ln IP_{it}^x + \xi_6 Trend_t + \delta_i + \gamma_{it} \tag{4.3}$$

其中，i 和 t 分别表示第 i 个省份和第 t 年；被解释变量 X 是单位面积农药投入费用；解释变量 $AESR^{1989\sim2005}$ 与 $AESR^{2006\sim2016}$ 为年份虚变量，分别代表中国农技推广体系的商业化改革与去商业化改革；$Income$ 是滞后一期的农民人均纯收入；IP^y 和 IP^x 分别代表粮食零售价格指数和化学农药生产资料价格指数；$Trend$ 和 δ 分别是年份和地区效应；γ 是随机误差项。$\xi_1 \sim \xi_6$ 均为待估系数。其中，单位面积农药投入费用、滞后一期的农民人均纯收入、粮食零售价格指数和化学农药生产资料价格指数均以对数形式在模型中呈现。表 4 - 2 展示了计量模型中相关变量的描述性统计。

表 4 - 2　　　　水稻、玉米和小麦估计模型中变量的描述性统计

变量	水稻 (N = 443)		玉米 (N = 405)		小麦 (N = 414)	
	均值	标准差	均值	标准差	均值	标准差
产量（千克/公顷）	6 237.16	1 101.57	5 043.69	1 132.18	3 643.26	1 150.25
农药投入费用（元/公顷）	114.05	84.04	25.73	23.94	30.27	25.62
化肥投入费用（元/公顷）	326.68	95.35	311.35	109.27	321.91	134.55
劳动投入时间（日/公顷）	208.62	101.40	171.15	85.09	144.36	79.42
滞后一期的农民人均纯收入（元）	981.17	718.23	889.19	621.18	806.61	582.79
旱灾成灾面积占播种面积比例	0.06	0.08	0.10	0.10	0.08	0.08
涝灾成灾面积占播种面积比例	0.05	0.06	0.04	0.05	0.03	0.05
粮食零售价格指数	614.86	373.70	540.35	319.14	552.23	333.98
化学农药生产资料价格指数	270.62	71.05	307.04	101.73	297.80	92.51

注：按照 1985 年不变价进行计算。

4.2.2　粮食作物产量的决定因素回归结果

水稻、玉米、小麦的风险控制生产函数回归结果均符合预期（见表 4 - 3）。结果表明，水稻、玉米、小麦生产中，风险控制因子（即农药投入费用的系数）全部显著为正，这说明农药投入确实起到了挽回病

虫害发生所导致的粮食损失，这也与之前的研究结论是一致的[①]。但是值得注意的是，与对照年份 1985 年相比，时间序列变量的系数多数为不显著，即与 1985 年相比是不存在差异的，同时也注意到，即使显著的系数符号也多为负值，说明农药的边际产出随着农药投入增加出现递减的情况。

表 4 - 3 　　水稻、玉米和小麦风险控制生产函数的估计结果

被解释变量：粮食产量	水稻（N = 443）		玉米（N = 405）		小麦（N = 414）	
	系数	t 值	系数	t 值	系数	t 值
化肥投入	0.04	1.41	0.05	1.17	0.12 **	2.57
劳动投入	0.03	1.08	0.15 ***	3.52	0.04	1.11
商业化改革	0.06 ***	3.09	0.07 **	2.58	0.04	1.03
去商业化改革	0.03	1.12	0.07	1.54	0.03	0.54
旱灾比例	- 0.12 *	- 1.87	- 0.68 ***	- 9.34	- 0.58 ***	- 4.98
涝灾比例	- 0.32 ***	- 4.16	- 0.44 ***	- 3.34	- 0.79 ***	- 4.12
时间趋势	0.01 ***	5.06	0.01 ***	5.69	0.01 ***	4.36
λ_0	0.12 ***	3.93	2.28 ***	5.58	0.90 ***	5.22
λ_{1986}	0.12	0.36	- 0.98 *	- 1.83	0.69	1.45
λ_{1987}	0.12	0.31	- 0.42	- 0.62	0.01	0.02
λ_{1988}	0.07	0.42	- 0.05	- 0.07	0.12	0.34
λ_{1989}	0.05	0.54	- 0.57	- 0.87	- 0.36	- 1.63
λ_{1990}	0.07	0.64	- 0.81	- 0.44	- 0.26	- 1.04
λ_{1991}	0.04	0.36	0.26	0.31	- 0.51 **	- 2.09
λ_{1992}	0.04	0.45	0.49	0.27	- 0.34	- 1.19
λ_{1993}	0.02	0.15	1.25	0.02	- 0.29	- 0.70

---

① Huang J., Hu R., Rozelle S., et al. Transgenic Varieties and Productivity of Smallholder cotton Farmers in China [J]. *The Australian Journal of Agricultural and Resource Economics*, 2002, 46 (3): 367 - 387.

续表

被解释变量：粮食产量	水稻（$N=443$）		玉米（$N=405$）		小麦（$N=414$）	
	系数	t 值	系数	t 值	系数	t 值
λ_{1994}	0.04	0.14	-0.15	-0.16	-0.40	-1.11
λ_{1995}	0.05	0.10	0.17	0.17	-0.53^{**}	-1.97
λ_{1996}	0.12	0.01	1.64	1.28	-0.54	-0.93
λ_{1997}	5.44^{***}	>50.00	-1.41^{***}	-2.67	11.65	0.00
λ_{1998}	1.36	0.00	18.03	0.00	-0.49	-0.46
λ_{1999}	0.30	0.00	-0.92	-0.49	-0.50	-0.35
λ_{2000}	0.01	0.03	-1.11	-1.33	-0.69^{***}	-3.53
λ_{2001}	-0.05	-1.17	-1.61^{***}	-3.46	-0.61^{**}	-2.35
λ_{2002}	-0.05	-1.32	-1.51^{***}	-3.11	-0.66^{**}	-2.34
λ_{2003}	-0.05	-1.00	-1.60^{***}	-3.35	-0.70^{***}	-3.35
λ_{2004}	-0.02	-0.42	-1.80^{***}	-3.89	-0.60^{***}	-2.89
λ_{2005}	-0.04	-0.51	-1.69	-1.63	-0.64^{***}	-2.89
λ_{2006}	-0.07^{*}	-1.69	-1.77^{***}	-3.13	-0.59^{**}	-2.17
λ_{2007}	-0.07	-1.47	-1.79	-1.24	-0.68^{***}	-3.09
λ_{2008}	-0.06	-1.24	-1.89^{***}	-2.66	-0.68^{**}	-2.18
λ_{2009}	-0.07	-1.60	-2.01^{***}	-4.69	-0.70^{***}	-2.65
λ_{2010}	-0.07	-1.57	-2.10^{***}	-5.03	-0.77^{***}	-4.26
λ_{2011}	-0.07	-1.18	-2.12^{***}	-5.03	-0.75^{***}	-4.12
λ_{2012}	-0.08^{**}	-2.11	-2.13^{***}	-4.86	-0.78^{***}	-3.95
λ_{2013}	-0.08^{**}	-2.38	-2.06	-0.83	-0.81^{***}	-4.62
λ_{2014}	-0.09^{***}	-2.66	-2.15^{***}	-4.99	-0.80^{***}	-4.45
λ_{2015}	-0.09^{**}	-2.56	-2.16^{***}	-5.04	-0.79^{***}	-4.43
λ_{2016}	-0.09^{***}	-2.82	-2.16^{***}	-5.13	-0.79^{***}	-4.32
常数项	8.09^{***}	38.86	7.44^{***}	24.64	7.24^{***}	25.36
调整后的 R^2	0.80		0.78		0.81	

注：$*$、$**$ 和 $***$ 分别表示在 10%、5% 和 1% 的统计水平上显著。在回归时考虑了地区虚变量的影响，但是限于篇幅未列出。

不同作物之间，化肥投入与劳动投入对粮食产量的影响存在差异。在水稻和玉米生产中，化肥投入的系数并不显著，这说明化肥投入的增加不能显著提高水稻与玉米的产量，其主要原因可能与当前农业生产中化肥过量施用有关。孙艺夺等（2019）的研究指出，当前水稻生产中，过量施用的化肥量已经达到了431.7千克/公顷①。在水稻与小麦生产中，劳动投入的系数并不显著，这意味着持续增加劳动投入已经很难提高水稻与小麦的产量，张超等（2015）的研究也发现了类似的结论，通过风险控制生产函数对中国粮食作物生产的研究发现，劳动力投入的系数在估计模型中均不显著②。

农技推广体系商业化改革与去商业化改革对粮食产量提高的效果并不明显。估计结果表明，较1985～1988年相比，在商业化改革期间仅有水稻和玉米的产量显著增加，其他阶段改革对粮食产量的增加并无显著影响。同样可以发现的是，旱涝灾害的发生对于水稻、玉米、小麦的产量均有负向影响，且产生的影响较大（见表4-3）。

4.2.3 农药投入费用的决定因素回归结果

水稻、玉米、小麦农药投入费用决定因素的回归结果也符合预期（见表4-4）。从表4-4中可以看出，与1985～1988年期间相比，农业技术推广体系商业化改革期间（1989～2005年）与去商业化改革期间（2006～2016年）的农药投入费用显著增加。较1985～1988年期间相比，在商业化改革期间，中国水稻、玉米和小麦的农药投入费用分别增加了26%、52%和78%，再次说明了农业技术推广体系商业化改革

---

① Sun Y. , Hu R. , Zhang C. Does the Adoption of Complex Fertilizers Contribute to Fertilizer overuse? Evidence from Rice Production in China ［J］. *Journal of Cleaner Production*, 2019, 219: 677-685.

② Zhang C. , Shi G. , Shen J. , et al. Productivity Effect and Overuse of Pesticide in Crop Production in China ［J］. *Journal of Integrative Agriculture*, 2015, 14（9）: 1903-1910.

导致了农药投入费用的增加，并为此提供了实证证据①。在去商业化期间，较 1985～1988 年期间相比，中国水稻、玉米和小麦的农药投入费用分别增加了 55%、42% 和 71%，这也暴露出新一轮的农技推广体系改革尽管改善了农技员的待遇，但由于未能对农技人员的工作职能做出明确的规定，使农技人员的主要工作未能放在为农户提供技术服务上，农户仍无法得到正确施用农药的相关技术服务，因此农药过量施用的状况未能从根本上改变②。

表 4-4　　　水稻、玉米和小麦农药投入决定因素的估计结果

被解释变量：农药费用	水稻（$N=443$）		玉米（$N=405$）		小麦（$N=414$）	
	系数	t 值	系数	t 值	系数	t 值
商业化改革	0.26 ***	2.59	0.52 ***	3.15	0.78 ***	6.83
去商业化改革	0.55 ***	4.60	0.42 **	2.06	0.71 ***	5.07
粮食零售价格	0.36 ***	6.38	0.36 ***	4.02	0.44 ***	6.18
化学农药价格	-0.84 ***	-6.68	-0.65 ***	-3.16	-0.76 ***	-5.31
滞后一期的农民人均纯收入	-0.08	-0.84	0.70 ***	4.06	0.44 ***	3.79
时间趋势	0.04 ***	5.13	0.05 ***	3.34	0.03 ***	2.62
常数项	6.21 ***	7.81	-2.20	-1.42	0.59	0.55
调整后的 R^2	0.87		0.86		0.88	

　　注：*、** 和 *** 分别表示在 10%、5% 和 1% 的统计水平上显著。在回归时考虑了地区虚变量的影响，但是限于篇幅未列出。

　　在玉米与小麦的农药投入方程中，滞后一期的农民人均纯收入对农

　　① Huang J., Qiao F., Zhang L., et al. Farm Pesticides, Rice Production, and Human Health in China [R]. Singapore：Economy and Environment Program for Southeast Asia (EEPSEA)，2001.

　　② 孙生阳，孙艺夺，胡瑞法，等. 中国农技推广体系的现状、问题及政策研究 [J]. 中国软科学，2018 (6)：25-34.

药投入有正向影响，且估计结果在1%的显著水平上显著。如表4-4所示，在玉米与小麦的农药投入方程当中，滞后一期的农民人均纯收入每增加10%，农药投入费用将会分别增加7%与4.4%。这一结果可能存在两种原因，一是由于收入较高农户的劳动机会成本较高，其倾向于施用农药来防治病虫害的发生，以减少农业生产管理对人工的耗时；二是由于农业收入较高的农户希望通过施用农药来保持农业收入稳定，从而保证总收入的稳定。

粮食零售价格和化学农药生产资料价格波动也会对农药投入产生显著影响。如表4-4所示，粮食零售价格每上涨10%，水稻、玉米和小麦的农药投入将会增长3.6%、3.6%和4.4%。此外，如果化学农药生产资料价格每上涨10%，水稻、玉米和小麦的农药投入将会分别下降8.4%、6.5%和7.6%。这也说明在特定的生产技术条件下，要素价格与产品价格共同决定了农户的农药施用行为，当粮食零售价格上涨时，农户为了追求更高的经济利益会增加农药的投入；而当农药价格上涨时，农户则会减少农药的投入以节约生产成本[1]。

4.2.4　粮食作物的农药过量施用程度

以表4-3的估计结果为依据，利用式（4.1）左右两边分别对农药投入费用求偏导数，并带入相关参数的估计值，即可求出农药的边际产出。按照第3章农药最佳经济施用量的定义，当农药的边际收益等于边际成本时，农药实现最佳经济投入。因此，本书可以计算1985~2016年期间，中国水稻、玉米与小麦生产中农药的过量投入花费及过量投入施用程度。其中，过量施用程度为农药过量投入花费与农药实际投入花费的比值。核心内容详见附录6。

图4-4与图4-5显示了1985~2016年水稻、玉米、小麦农药过

---

① Rahman S. Farm-level Pesticide Use in Bangladesh: Determinants and Awareness [J]. *Agriculture, Ecosystems & Environment*, 2003, 95 (1): 241-252.

量施用程度的变化趋势。总体上看，1985~2016 年期间，水稻、玉米、小麦平均每年过量投入农药分别为 45.39 元/公顷、10.65 元/公顷、6.75 元/公顷，水稻农药过量投入花费分别是玉米和小麦农药过量投入

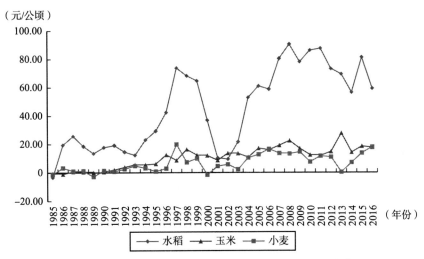

图 4-4 样本省份水稻、玉米和小麦农药过量投入花费

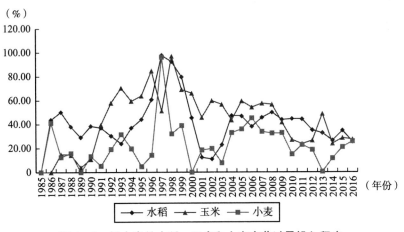

图 4-5 样本省份水稻、玉米和小麦农药过量投入程度

花费的 4.3 倍和 6.7 倍。水稻农药的过量投入花费显著高于玉米和小麦的原因与水稻的农药投入花费显著高于玉米和小麦有关，1985～2016 年期间，水稻生产中平均每年农药投入费用为 113.63 元/公顷，玉米和小麦生产中平均每年农药投入费用分别为 25.30 元/公顷和 30.22 元/公顷，水稻的平均农药投入费用分别约为玉米和小麦的 4.49 和 3.76 倍（见附录 6）。

农药过量程度的差异与不同作物生产中病虫害发生程度对农药的依赖有关。研究表明，2006～2015 年期间，水稻生产中稻飞虱和稻纹枯病平均每年造成的实际损失分别达到了 119.35 万吨和 113.03 万吨；玉米生产中黏虫和大斑病平均每年造成的实际损失分别达到了 24.04 万吨和 43.35 万吨；小麦生产中麦蚜和条锈病平均每年造成的实际损失分别达到了 93.28 万吨和 15.90 万吨[①]。可以看出，水稻病虫害对粮食作物的危害程度远高于玉米和小麦生产中的病虫害，因此农户在水稻防治过程中倾向于增加农药的施用。

从水稻的农药过量施用变化趋势中可以发现，除了 1985 年农药出现不足施用以外，自 1986 年开始，农药每年均呈现过量施用的情况，尤其是在 1997 年，水稻的农药过量施用达到了第一个高峰，过量投入花费为 73.73 元/公顷。自 1997 年开始到 2002 年，农药过量施用出现了下降的态势，但是自 2003 年开始，中国水稻的农药过量施用又重新出现了逐年上升的情况，截至 2015 年，中国的水稻过量投入花费达到了 81.24 元/公顷，尽管在 2016 年出现了小幅度的下降，但是过量施用也达到了 59.17 元/公顷（见图 4-4）。

与水稻的农药过量施用变化趋势相比，中国玉米和小麦的农药过量施用较低，且波动幅度较小。在玉米的农药施用中，自 1987 年开始，农药过量施用呈现逐年上升的趋势，到 1996 年，农药过量施用达到了

---

① 刘万才，刘振东，黄冲，等．近 10 年农作物主要病虫害发生危害情况的统计和分析 [J]．植物保护，2016，42（5）：1-9．

第一个高峰，过量投入花费为 12.50 元/公顷。尽管在 1997 年出现了小幅度的下降，但是从 1998 年开始，农药过量施用呈波动上涨的趋势，截至 2016 年，样本省份过量投入花费为 17.59 元/公顷。与玉米的农药过量施用类似，小麦也是在 1997 年达到了第一个高峰，过量投入花费为 19.88 元/公顷，自 1998 年开始，农药过量施用有所减缓，但是需要指出的是，近年来小麦农药过量施用有逐渐上升的趋势，截至 2016 年，小麦农药过量投入花费达到了 17.96 元/公顷（见图 4 -4）。

从上述分析中可以发现，尽管水稻、玉米、小麦的农药过量投入花费存在差异，但均是在 1997 年前后达到了第一个过量施用的高峰。其主要原因来自 1989 年开始的农技推广体系商业化改革，允许农技服务人员向农民销售农药，农技服务人员为了获得更高的经营利润，通常会向农民推荐过量施用农药，导致了中国自 20 世纪 90 年代开始的农药过量施用情况日趋严重[1]。

4.3　本　章　小　结

本章利用中国 22 个省份 1985 ~ 2016 年水稻、玉米和小麦的成本收益统计数据与改进的风险控制生产函数，对水稻、玉米和小麦的农药过量施用及农药投入费用决定因素展开了讨论，主要得到以下结论：

第一，中国粮食作物的农药过量施用存在差异。水稻农药过量施用分别是玉米和小麦农药过量施用程度的 4.3 倍和 6.7 倍。水稻农药过量施用与其病虫害发生较为严重有关，相对于施用量来说，1985 ~ 2016 年平均每年水稻的农药实际施用量中有 39.95% 的农药投入为过量施用。

---

① Hu R. , Yang Z. , Kelly P. , et al. Agricultural Extension System Reform and Agent Time Allocation in China [J]. *China Economic Review*, 2009, 20 (2): 303 -315.

第二，农药价格对农药投入费用呈显著的负相关。即农药价格越低，农户在水稻、玉米和小麦生产中将会施用更多的农药，表明农户对农药的投入也是经济理性的。如果采取价格措施，将可以有效干预农户的农药施用量。

第三，政府农技推广体系商业化改革与去商业化改革增加了农药投入。本章的研究结果发现，在控制时间趋势的条件下，与改革前相比，商业化改革显著增加了农户的农药投入，而2006年启动的去商业化也并未显著降低中国粮食作物生产中的单位面积农药投入。

第 5 章

农户水稻生产的农药施用实践

从上述第 4 章的研究中可以发现，在中国粮食作物生产过程中，相对于玉米和小麦而言，水稻生产对于农药的依赖性较高，且农药过量投入的情况较为严重。但是，上述结论主要依据微观经济学利润最大化的分析逻辑，所反映的仅是经济学意义上的农药过量施用问题，不能说明农户在水稻生产过程中防治不同类型病虫害的农药施用行为。为此，本章采用课题组 2016 年的大样本调查数据，考察农户在水稻生产中防治病虫害的农药施用实践。本章主要回答以下问题：农户在病虫害防治过程中打了几次农药？平均每户的农药单位面积施用量和有效成分施用量是多少？平均每户防治了几种病虫害？平均每种病虫害被防治了几次？农户在每次防治病虫害时施用了几种农药？

■ 5.1 研 究 数 据

本章采用 2016 年对全国 5 个省 18 个县 37 个乡 71 个行政村 1 223 个农户的随机调查数据（见第 3 章）。研究发现，在全部调查的水稻种植户中，有 51 个农户未施用农药。为此，为了研究农户的农药施用实践，本书未将这些农户纳入本章的研究样本，全部施用农药的农户样本为 1 172 户。

　　需要说明的是，农户在农药施用实践中，为了同时防治发生的多种类型病虫害，可能每次施用了两种及两种以上不同类型的农药。为此，在调查过程中，课题组详细记录了农户在水稻生产过程中每次防治的病虫害名称及农药施用类型与品种。需要注意的是，由于农户每次施用的农药品种超过了两种，因此杀虫剂、杀菌剂、除草剂以及未确定农药的施用次数之和大于农户的农药施用总次数。

5.2　农户的农药施用次数

　　农户水稻生产中平均每季施用了近5次农药。通过对1 172户施用农药的农户调查发现，平均每户施用农药4.7次，其中2.7次施用了杀虫剂，2.0次施用了杀菌剂，1.3次施用了除草剂和0.3次施用了无法判断类别的农药（表5-1）。从这个结果可以看出，农户在水稻生产的农药施用实践中，主要防治的对象为虫害，施用杀虫剂的次数超过了总施用次数的50%。

表5-1　　　　　　　　　　水稻农户平均农药施用次数

变量	调查的全部省份	江苏	湖北	浙江	贵州	广东
户均农药施用次数	4.7	6.6	4.1	4.8	2.3	2.7
杀虫剂	2.7	3.6	2.4	3.0	1.2	1.6
杀菌剂	2.0	3.6	1.4	1.7	0.6	0
除草剂	1.3	1.4	1.5	1.4	0.9	1.0
未确定农药	0.3	0.6	0.1	0.2	0	0

　　资料来源：2016年课题组对全国5个省18个县37个乡71个行政村1 172个施用农药农户的随机调查数据。

江苏省农户的农药施用次数最多，贵州省农户的农药施用次数最少。通过调查发现，江苏省、湖北省、浙江省、贵州省和广东省农户的农药施用次数分别为 6.6、4.1、4.8、2.3 和 2.7 次（见表 5-1）。这主要是由于在贵州省与广东省的调查过程当中，调查的农户是主要从事茶叶种植同时兼种水稻的农户，水稻生产并非其种植业收入的主要来源，一方面有部分农户由于满足家庭消费从而减少农药的施用次数，另一方面也有部分农户通过增加每次的农药施用量来减少后续水稻田间管理的劳动投入。

仍有部分农户无法确定施用农药的种类。从表 5-1 可以看出，在 1 172 户农户的农药施用实践当中，每户平均有 0.3 次施用了无法判断类别的农药。尽管可以通过施用该种农药的目标防治对象来判断该农药属于杀虫剂、杀菌剂或除草剂，但是由于一些农户既不能提供目标防治对象的名称，也不能提供施用农药的化学名称，因此无法对该农药的类别进行判断，这也反映了当前农户的农药施用知识水平仍有待提高。

5.3　农户的单位面积农药施用量

农户在农药施用实践中，杀虫剂的施用量最高。1 172 户农户平均每户施用农药 16 595.9 毫升/公顷，其中包括杀虫剂 7 502.8 毫升/公顷，杀菌剂 4 920.1 毫升/公顷，除草剂 3 481.6 毫升/公顷和无法判断类别的农药 691.4 毫升/公顷，户均单位面积杀虫剂施用量分别为杀菌剂、除草剂和无法判断类别农药施用量的 1.5、2.2 和 10.9 倍（见表 5-2）。由于每种类型农药的有效成分不同，会导致其对病虫害的毒杀性存在差异。如果从农户的单位面积有效成分农药施用量角度分析，1 172 户农户平均每户施用农药有效成分量 4 523.1 毫升/公顷，其中杀虫剂 1 982.5 毫升/公顷、杀菌剂 1 232.5 毫升/公顷、除草剂

1 169.8 毫升/公顷和无法判断类别的农药 138.3 毫升/公顷，研究表明，农户的杀虫剂有效成分施用量依然最高，分别为杀菌剂、除草剂和无法判断类别农药有效成分施用量的 1.6、1.7 和 14.3 倍（见表 5-2）。

表 5-2　　水稻农户平均单位面积农药施用量与有效成分施用量

	调查的全部省份	江苏	湖北	浙江	贵州	广东
农药施用量（毫升/公顷）						
总量	16 595.9	19 536.3	13 498.3	19 514.1	9 781.8	29 349.1
杀虫剂	7 502.8	5 837.4	9 803.4	7 138.3	4 812.4	25 136.9
杀菌剂	4 920.1	8 173.7	1 337.7	7 731.7	887.6	9.3
除草剂	3 481.6	3 623.0	2 185.8	4 321.4	3 955.1	4 202.8
未确定农药	691.4	1 902.2	171.3	322.8	126.7	0.0
农药有效成分施用量（毫升/公顷）						
总量	4 523.1	5 948.7	3 405.7	4 232.9	4 072.2	7 110.4
杀虫剂	1 982.5	1 458.9	2 296.9	1 889.9	2 053.8	5 870.1
杀菌剂	1 232.5	2 852.2	406.1	902.4	459.0	1.9
除草剂	1 169.8	1 257.2	668.5	1 376.0	1 534.2	1 238.4
未确定农药	138.3	380.4	34.3	64.6	25.3	0.0

资料来源：2016 年课题组对全国 5 个省 18 个县 37 个乡 71 个行政村 1 172 个施用农药农户的随机调查数据。

　　不同省份的农户在农药施用实践中存在差异，广东省农户的单位面积农药施用量最高。调查发现，广东省农户的单位面积农药施用量达到 29 349.1 毫升/公顷；其次是江苏省和浙江省，分别为 19 536.3 毫升/公顷和 19 514.1 毫升/公顷；再次为湖北省和贵州省，分别为 13 498.3 毫升/公顷和 9 781.8 毫升/公顷。如果从有效成分施用量的角度分析，江苏省、湖北省、浙江省、贵州省和广东省农户的单位面积农药有效成分施用量分别为 5 948.7 毫升/公顷，3 405.7 毫升/公顷，4 232.9 毫

升/公顷，4 072.2 毫升/公顷和 7 110.4 毫升/公顷，与单位面积农药施
用量相比，单位面积农药有效成分施用量在省份之间存在的差异明显降
低。造成这种情况的主要原因是，贵州省农户在施药过程中偏好施用高
毒农药，绝大多数杀虫剂与杀菌剂的有效成分含量均在 60% 以上，而
广东省的农户虽然单位面积农药施用量最高，但是所用农药的有效成分
含量较低，多为 20% 左右。

5.4　农户防治病虫害的农药施用实践

在农户的农药施用实践中，通常存在施用多种农药来同时防治一种
病虫害，或者施用一种农药来同时防治多种病虫害的情况。为了更清楚
地分析农户每次防治每种病虫害的具体农药施用实践，本章将农户每次
防治的每种病虫害定义为一个防治频次。此外，对于农户防治中不能提
供名称的病虫害种类，本章将其定义为未确定病虫害。病虫害的分类及
防治频次详见附录 7。

虫害是农户水稻生产中的主要防治对象。调查发现，1 172 户农户
平均每户防治 3.8 种病虫害，其中虫害、病害、草害和未确定病虫害依
次为 1.4、0.8、0.9 和 0.6 种（见表 5-3）。不同省份之间的病虫害防
治种类存在差异，如江苏省和浙江省平均每户分别防治了 4.6 种和 4.2
种病虫害，而贵州省和广东省平均每个农户分别防治了 1.9 种和 2.0 种
病虫害。尽管如此，虫害依然是每个省份农户的主要防治对象，江苏
省、湖北省、浙江省、贵州省和广东省平均每个农户防治的虫害种类均
比病害、草害和未确定病虫害的种类高出不少（见表 5-3）。

表5-3 水稻农户平均防治病虫害的种类、频次及农药施用品种

病虫害	调查的全部省份	江苏	湖北	浙江	贵州	广东
每户病虫害防治种类						
总计	3.8	4.6	3.7	4.2	1.9	2.0
虫害	1.4	1.5	1.5	1.9	0.4	0.6
病害	0.8	1.2	0.8	1.0	0.2	0.1
草害	0.9	0.9	1.0	0.9	0.7	0.8
未确定病虫害	0.6	1.0	0.5	0.4	0.6	0.5
每户病虫害防治频次						
总计	8.0	11.9	6.7	8.5	2.8	3.0
虫害	3.1	3.6	2.8	4.3	0.5	1.0
病害	1.9	3.3	1.3	1.9	0.3	0.2
草害	1.3	1.4	1.5	1.4	0.9	1.0
未确定病虫害	1.8	3.6	1.1	1.0	1.0	0.8
每户每个防治频次的农药施用种类						
总计	1.2	1.2	1.2	1.1	1.2	1.3
虫害	1.1	1.0	1.2	1.1	1.1	1.0
病害	2.2	1.6	2.3	2.7	1.1	2.0
草害	1.2	1.2	1.2	1.2	1.1	1.2
未确定病虫害	1.3	1.2	1.2	1.2	1.4	1.5

资料来源：2016 年课题组对全国 5 个省 18 个县 37 个乡镇 71 个行政村 1 172 个施用农药农户的随机调查数据。

防治的虫害不仅种类多，而且防治频次也最多。调查发现，1 172户农户平均每户防治病虫害 8.0 次，其中虫害、病害、草害和未确定病虫害的户均防治频次分别为 3.1 次、1.9 次、1.3 次和 1.8 次。从这个结果可以看出，一方面由于虫害的暴发比较频繁，且对水稻生产造成的危害较大，虫害已经成为农户水稻生产中的主要防治对象；另一方面农户的病虫害防治知识有待提高，尤其是江苏省的水稻农户，防治未确定

病虫害的次数为 3.6 次，占到了全部防治频次的 30.5%（见表 5 – 3）。

　　农药的混合施用已经成为水稻农户农药施用实践的主要行为习惯。农户在每次农药施用中，通常施用多种农药来防治同一种病虫害。为了详细分析防治每一种病虫害的农药施用情况，本书以每个防治频次为研究对象，分析农户的农药施用行为。结果发现，平均每个农户在每个防治频次中施用农药 1.2 种，其中广东省农户在每个防治频次中施用农药品种较多，为 1.3 种；贵州省农户在每个防治频次中施用农药品种较少，为 1.1 种（见表 5 – 3）。

　　农户防治病害时农药混用品种最多。与防治虫害、草害和未确定病虫害相比，农户在防治病害时每个防治频次施用的农药品种最多，研究发现，平均每户每次防治病害施用农药 2.2 种，其中浙江省农户防治病害施用农药品种最多，平均每户施用 2.7 种农药防治一种病害；贵州省农户防治病害施用农药品种最少，平均每户施用 1.1 种农药防治一种病害。此外，农户在防治未确定病虫害时也倾向于混用多种农药进行防治，结果发现，贵州省和广东省农户在防治未确定病虫害时，每户平均施用 1.4 种和 1.5 种农药进行防治，其结果高于江苏省、湖北省和浙江省农户防治未确定病虫害时的农药施用品种数（见表 5 – 3）。

5.5　农户的主要农药施用种类

　　在上述研究的基础上，本书将全部样本中施用超过 100 户的农药品种，以及各省农户施用排名前 3 的农药品种进行整理归类，并对其毒性、施用户数，施用频次以及户均施用频次进行统计总结。

　　由于农户在施用农药过程中，一般具有两次及两次以上的施药行为，同一品种的农药可能被农户多次施用。从户均施用频次上看，在全部省份样本中，常用杀虫剂与杀菌剂的户均施用频次保持在 2 次左右，常用除草剂保持在 1 次左右，各省的情况也与之类似。但是需要指出的是，江苏省施用三环唑和未知杀菌剂的农户，户均施用频次均超过了3次。

　　杀虫剂是农户施用最多的农药类型。杀虫剂超过100户施用的农药品种有7种，分别是吡虫啉、未知杀虫剂、毒死蜱、吡蚜酮、阿维菌素、杀虫双、氯虫苯甲酰胺，其施用户数依次为288、268、260、237、210、136和126；杀菌剂超过100户施用的农药有3种，分别是井冈霉素、三环唑和未知杀菌剂，其施用户数依次为358、309和179；除草剂超过100户施用的农药有5种，分别是未知除草剂、苄·乙、五氟磺草胺、草甘膦和丁草胺，其施用户数依次为267、209、182、139和128。从各省施用户数排名前3的农药品种来看，尽管各省情况与全部省份样本总体保持一致，但是也存在部分差异（见表5-4）。

表5-4　　　水稻农户常用农药种类、施用户数及施用频次

	农药类型	农药名	毒性	施用户数	施用频次	户均施用频次
调查的全部省份	杀虫剂	吡虫啉	低毒	288	574	2.0
		未知杀虫剂	未知	268	676	2.5
		毒死蜱	中等毒	260	515	2.0
		吡蚜酮	低毒	237	503	2.1
		阿维菌素	中等毒	210	459	2.2
		杀虫双	中等毒	136	303	2.2
		氯虫苯甲酰胺	低毒	126	250	2.0
	杀菌剂	井冈霉素	低毒	358	824	2.3
		三环唑	低毒	309	806	2.6
		未知杀菌剂	未知	179	421	2.4
	除草剂	未知除草剂	未知	267	366	1.4
		苄·乙	低毒	209	230	1.1
		五氟磺草胺	低毒	182	207	1.1
		草甘膦	低毒	139	186	1.3
		丁草胺	低毒	128	141	1.1

续表

	农药类型	农药名	毒性	施用户数	施用频次	户均施用频次
江苏	杀虫剂	毒死蜱	中等毒	121	278	2.3
		吡虫啉	低毒	99	223	2.3
		阿维菌素	中等毒	95	217	2.3
	杀菌剂	三环唑	低毒	224	668	3.0
		井冈霉素	低毒	152	414	2.7
		未知杀菌剂	未知	66	205	3.1
	除草剂	五氟磺草胺	低毒	108	124	1.1
		丁草胺	低毒	79	89	1.1
		未知除草剂	未知	76	106	1.4
湖北	杀虫剂	杀虫双	中等毒	82	195	2.4
		未知杀虫剂	未知	76	174	2.3
		毒死蜱	中等毒	66	108	1.6
	杀菌剂	未知杀菌剂	未知	53	96	1.8
		苯甲·丙环唑	低毒	53	115	2.2
		井冈霉素	低毒	42	63	1.5
	除草剂	苄·乙	低毒	104	116	1.1
		未知除草剂	未知	70	102	1.5
		双草醚	低毒	27	31	1.1
浙江	杀虫剂	吡蚜酮	低毒	117	263	2.2
		未知杀虫剂	未知	98	259	2.6
		吡虫啉	低毒	93	193	2.1
	杀菌剂	井冈霉素	低毒	163	343	2.1
		未知杀菌剂	未知	55	113	2.1
		三环唑	低毒	25	41	1.6
	除草剂	未知除草剂	未知	108	143	1.3
		草甘膦	低毒	63	80	1.3
		五氟磺草胺	低毒	53	60	1.1

	农药类型	农药名	毒性	施用户数	施用频次	户均施用频次
贵州	杀虫剂	吡虫啉	低毒	45	79	1.8
		毒死蜱	中等毒	18	29	1.6
		未知杀虫剂	未知	17	19	1.1
	杀菌剂	三环唑	低毒	37	61	1.6
		稻瘟灵	低毒	9	10	1.1
		苯甲·丙环唑	低毒	6	8	1.3
	除草剂	苄·乙	低毒	67	71	1.1
		草甘膦	低毒	37	54	1.5
		百草枯	中等毒	17	25	1.5
广东	杀虫剂	杀虫双	中等毒	13	26	2.0
		乐果	中等毒	4	8	2.0
		毒死蜱	中等毒	3	3	1.0
	杀菌剂	三环唑	低毒	1	1	1.0
	除草剂	丁草胺	低毒	7	9	1.3
		草甘膦	低毒	6	7	1.2
		苄·乙	低毒	4	6	1.5

资料来源：2016年课题组对全国5个省18个县37个乡71个行政村1 172个施用农药农户的随机调查数据。

农户常用农药品种多数为低毒农药。农户在农药施用实践中，施用具有中等毒性的农药品种主要包括毒死蜱、阿维菌素、杀虫双等，其余农药品种均为低毒农药（见表5-4）。这说明经过政府农技部门长期的宣传与培训，农户在施用农药过程中，越来越倾向于施用低毒农药。从表5-4中也可以看出，贵州省有17户农户施用了具有中等毒性的除草剂百草枯，按照农业农村部的要求，百草枯等灭生性除草剂已全面禁止在国内施用，但是从调查结果中可以发现，当前依然有农户选择施用被禁止的百草枯除草剂，在后续的分析中，本书将进一步对农户的农药施用品种技术信息来源进行研究。

　　农户的农药知识水平普遍偏低。调查发现，即使农户能够说出自己施用的是杀虫剂、杀菌剂或者除草剂，但是也存在不能提供杀虫剂、杀菌剂或者除草剂准确化学名称的现象。在 1 172 户农户中，有 268 户农户施用过不能说出准确化学名称的杀虫剂，179 户农户施用过不能说出准确化学名称的杀菌剂，267 户农户施用过不能说出准确化学名称的除草剂（见表 5 - 4）。出现这一情况主要有两方面原因：一是农户的农药知识普遍偏低，对于所施用农药的化学名称与毒性并不了解；二是现在农药经销商已经成为农户获取农药施用技术信息的主要来源，在打药季节，农药经销商经常配好农药直接推荐农户施用，这也是导致农户不能提供农药准确化学名称的主要原因。

第 6 章

农户水稻生产的病虫害防治行为研究

　　课题组在调查中发现，即使是同一样本村内的农户，所提供的病虫害防治种类也不是完全一致的。考虑到病虫害具有迁飞性与跨越农田物理边界的属性，同一地区的病虫害暴发类型与暴发时间通常是一致的，基于这一假定，本章将对农户水稻生产的病虫害防治行为进行详细讨论，并主要回答以下几个科学问题：农户在面临病虫害暴发时是否选择施用农药进行防治？农户的病虫害防治时间信息由谁提供？影响农户是否防治病虫害行为的决定因素有哪些？

6.1　研究假定与数据

　　本章首先假定同一个样本村内的农户面临的病虫害发生风险是一致的，即同一个样本村内的病虫害发生种类与发生时间是一致的，本章将基于该假定研究农户在面临病虫害暴发时是否对其施用农药进行防治的行为，并据此定义农户对某种病虫害是否防治，即"防治"与"未防治"。

　　其次，本章假定单位费用条件下不同的农药对病虫害的防治效果是相同的，即同价同效假定。该假定基于农户防治病虫害对农药混用（防治一种病虫害施用多种农药；施用一种农药防治多种病虫害，见第 3 章）的习惯，也是为了研究农户病虫害防治行为的方便考虑。

需要说明的是，在 1 172 户施用农药的农户当中，由于有 37 户农户完全不能提供防治病虫害的名称，本章无法对其病虫害防治行为进行下一步的讨论，因此，自本章开始，后续研究主要集中在 1 135 户能提供防治病虫害名称的农户进行分析。

本章关于病虫害发生一致假定的具体处理方法有以下三个步骤，首先，将同一个样本村内的农户所提供的所有病虫害种类进行归纳并汇总；其次，将该样本村内的每一户农户提供的防治病虫害种类与该样本村汇总的病虫害种类进行对比；最后，将该样本村内发生但是该农户没有防治的病虫害按照种类进行补齐。

另外，基于农药的同价同效假定，可以较容易计算农户防治某一种病虫害时的农药价格。基于此假定，本书通过将农户该次防治该种病虫害所施用农药的总费用除以该次防治该种病虫害时的农药总施用量，得到该次防治该种病虫害时所施用农药的平均价格，从而分析农户该次防治该种病虫害的农药施用成本对农户病虫害防治行为的影响。

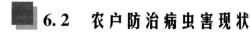
6.2　农户防治病虫害现状

6.2.1　农户对病虫害的防治与未防治

基于病虫害一致发生的假定，本章对 1 135 户农户的病虫害防治行为进行了重新整理，将农户"未防治"的病虫害种类进行补充。其中，"未防治"代表农户面临发生但未施用农药进行防治的病虫害，"防治"代表农户面临发生并且施用农药防治的病虫害（见图 6 - 1）。核心内容详见附录 8。

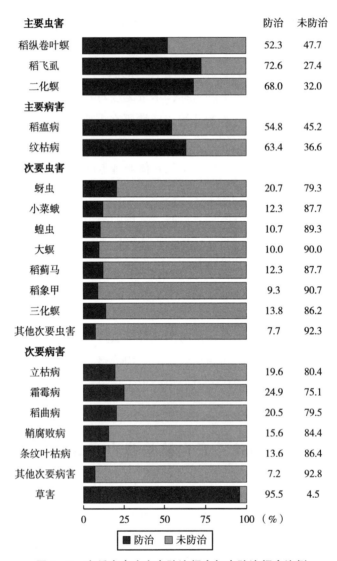

主要虫害		防治	未防治
稻纵卷叶螟		52.3	47.7
稻飞虱		72.6	27.4
二化螟		68.0	32.0
主要病害			
稻瘟病		54.8	45.2
纹枯病		63.4	36.6
次要虫害			
蚜虫		20.7	79.3
小菜蛾		12.3	87.7
蝗虫		10.7	89.3
大螟		10.0	90.0
稻蓟马		12.3	87.7
稻象甲		9.3	90.7
三化螟		13.8	86.2
其他次要虫害		7.7	92.3
次要病害			
立枯病		19.6	80.4
霜霉病		24.9	75.1
稻曲病		20.5	79.5
鞘腐败病		15.6	84.4
条纹叶枯病		13.6	86.4
其他次要病害		7.2	92.8
草害		95.5	4.5

■ 防治　□ 未防治

图 6-1　水稻农户病虫害防治频次与未防治频次比例

　　农户在水稻生产中普遍存在着病虫害"未防治"现象。调查结果显示，1 135 户农户共计面临病虫害发生 14 456 次，其中防治病虫害7 317 次，"未防治"病虫害 7 139 次，"未防治"比例占全部病虫害发

生的 49.4%（见表 6 - 1）。如果对每一种病虫害的防治情况进行分析，
"未防治"比例超过 90% 的病虫害种类达到了 13 种，分别是：大螟、
稻象甲、稻瘿蚊、叶蝉、枯叶夜蛾、蚂蟥、赤枯病、胡麻斑病、恶苗
病、稻粒黑粉病、疫霉病、紫秆病、烂秧病（见图 6 - 1、附录 8）。这
也反映了农户在水稻生产中，面临次要虫害和次要病害的发生时多数是
选择"未防治"的。总体上看，农户面临次要病虫害发生 4 812 次，其
中防治次要病虫害 750 次，"未防治"次要病虫害 4 062 次，"未防治"
比例占全部次要病虫害发生的 84.4%（见表 6 - 1）。

　　即使对于主要病虫害，农户"未防治"的现象也较为普遍。结果
发现，农户共计面临主要病虫害发生 8 034 次，其中防治主要病虫害
5 030 次，"未防治"主要病虫害 3 004 次，"未防治"比例占到了全部
主要病虫害发生的 37.4%（见表 6 - 1）。尽管这一比例低于次要病虫害
的"未防治"比例，但是依然有超过 1/4 的主要病虫害未被农户施用
农药防治。其中，主要虫害与主要病害也存在明显差异，如农户在防治
主要虫害稻飞虱和二化螟时，"未防治"比例均在 30% 左右，而在防治
主要病害稻瘟病时，"未防治"比例超过了 45%，这也意味着存在有将
近一半的稻瘟病发生并没有被施用农药防治的现象（见图 6 - 1）。

表 6 - 1　　　水稻农户生产中不同类型病虫害防治与未防治比例

病虫害种类	发生频次	比例（%）	
		防治	未防治
1. 主要与次要病虫害			
主要病虫害	8 034	62.6	37.4
主要虫害	5 002	64.8	35.2
主要病害	3 032	59.0	41.0
次要病虫害	4 812	15.6	84.4
次要虫害	2 665	13.7	86.3
次要病害	2 147	18.0	82.0

续表

病虫害种类	发生频次	比例（%）	
		防治	未防治
草害	1 610	95.5	4.5
总计	14 456	50.6	49.4
2. 按病虫害类型			
虫害	7 667	47.0	53.0
病害	5 179	42.0	58.0
草害	1 610	95.5	4.5
总计	14 456	50.6	49.4

资料来源：2016 年课题组对全国5 个省18 个县37 个乡71 个行政村1 135 个施用农药且能提供病虫害防治名称农户的随机调查数据。

与虫害和病害相比，农户面临草害暴发时"未防治"比例最低。农户在面临7 667 次虫害发生和5 179 次病害发生时，"未防治"比例依次为53.0%和58.0%；而农户共计面临草害发生1 610 次，其中仅有73 次发生存在"未防治"现象，"未防治"比例仅占了全部草害发生的4.5%（见表6-1、图6-1）。这个结果也说明了农户在面临草害发生时，更倾向于施用农药对草害进行防治，这也与之前研究报道的中国除草剂施用量逐年增加的结果一致①。

6.2.2　农户病虫害防治时间的技术信息来源

农户并不是对每种病虫害都进行防治。除了根据病虫害危害程度决定是否进行有针对性的防治外，农户病虫害防治主要与是否能够及时获得病虫害发生与防治时间的信息有关。研究表明，病虫害的不同生育期对农药的敏感度不同，在生长初期对于农药的敏感性较强，容易防治；

---

① Huang J. , Wang S. , Xiao Z. Rising Herbicide Use and Its Driving Forces in China［J］. *The European Journal of Development Research*，2017，29（3）：614－627.

过了这一时期，其对农药的敏感性降低，防治效果则受到影响①。因此，外部的病虫害发生与防治时间的技术信息将会影响到农户病虫害防治的有效性。

课题组对农户病虫害防治时间的技术信息来源进行了详细调查。通过对技术信息来源的整理与分类，研究发现，农户病虫害防治时间的技术信息来源主要包括个人经验、政府农技员、农资经销店与企业、手机、电脑、电视、父母传授、亲戚邻居、生产大户、农民合作组织等。本书根据信息来源的属性进行了分类，将手机、电脑和电视归类为网络和媒体；将父母传授、亲戚邻居、生产大户和农民合作组织归类为社会资本。因此，本书的信息来源主要包括个人经验、政府农技员、农资经销店与企业、网络和媒体（手机、电脑、电视）、社会资本（父母传授、亲戚邻居、生产大户、农民合作组织）和其他信息来源等（见表6－2）。其中，个人经验是农户决定病虫害防治时间最主要的技术信息来源，有463户农户在决定病虫害防治时间时选择根据个人经验，占到了全部农户的40.8%。除了个人经验以外，政府农技员、农资经销店与企业逐渐成为农户决定病虫害防治时间的主要信息来源，分别有29.1%与13.7%的农户将政府农技员和农资经销店与企业作为决定病虫害防治时间的主要信息来源（见表6－2）。值得注意的是，虽然近年来有研究推崇手机、电脑等互联网新媒体在农业生产中的作用，但是调查发现，仅有5.4%的农户选择网络和媒体作为决定病虫害防治时间的主要信息来源。最后，选择社会资本作为决定病虫害防治时间主要信息来源的农户最少，这说明生产大户示范、农民合作组织或者亲戚邻居提供的病虫害防治时间信息并不是农户的主要选择。

①　向子钧. 水稻病虫害自述（第三版）［M］. 武汉：武汉大学出版社，2012.

表6-2　　　　　　水稻农户决定病虫害防治时间的技术信息来源

信息来源	户数	比例（%）
个人经验	463	40.8
政府农技员	330	29.1
农资经销店与企业	155	13.7
网络和媒体	61	5.4
社会资本	54	4.8
其他	72	6.3
总计	1 135	100.0

资料来源：2016年课题组对全国5个省18个县37个乡71个行政村1 135个施用农药且能提供病虫害防治名称农户的随机调查数据。

6.3　计量模型与结果分析

6.3.1　计量模型设定

根据第3章研究框架的设定，本章重点研究在控制农户个人及家庭特征的基础上，农药价格、病虫害种类及病虫害防治时间技术信息来源对农户病虫害防治行为的影响，为了更好地实现这一研究目标，本书构建了如下的计量经济学模型：

$$Control_{it} = \beta_0 + \beta_1 Price_{it} + \beta_2 Household_i + \beta_3 Pests_{it} + \beta_4 Time_i$$
$$+ Province_i + \upsilon_{it} \qquad (6.1)$$

其中，i和t分别表示第i个农户和该农户防治的第t种病虫害；被解释变量$Control_{it}$为第i个农户防治第t种病虫害的行为，如果农户选择施用农药对该病虫害进行防治，则$Control_{it} = 1$，否则$Control_{it} = 0$；$Price_{it}$为第i个农户防治第t种病虫害所施用农药的价格（如果农户未防治该种病虫害，则农药价格用同村其他农户防治该种病虫害的农药平均价格作为替代）；$Household_i$ 为第 i 个农户的个人与家庭特征情况，包括性别、年龄、受教育程度、务农年限、是否具有外出务工经历、是否为村干部、家庭人口规模、家庭距离县（市、区）的距离和家庭房产价值；$Pest_{it}$ 为第 i 个农户防治的第 t 种病虫害的类型，由一组虚变量构成，包括是否为次要病虫害和是否为草害（以主要病虫害为对照组）；$Time_i$ 为第 i 个农户如何决定病虫害防治时间的技术信息来源，包括是否来自个人经验、是否来自农资经销店与企业、是否来自政府农技员、是否来自网络和媒体、是否来自社会资本和是否来自其他信息来源（分别以是否来自个人经验、是否来自农资经销店与企业为对照组）；$Province_i$ 为一组省份地区虚变量，此外，ν_{it} 是模型的随机误差项，$\beta_1 \sim \beta_4$ 为相应解释变量的回归系数。其中，农户的年龄、教育程度、务农年限、家庭人口规模、距离县（市、区）的距离、家庭房产价值和农药价格等变量均以对数形式在模型中呈现。在第 3 章研究方法与计量模型中，本书已经说明了农户是否防治病虫害是一个典型的二元选择问题，因此使用 Probit 模型进行估计。类似地，本书根据上述模型，同时也对农户虫害防治、病害防治与草害防治的行为分别进行了估计。

表 6-3 展示了计量模型中相关主要变量的描述性统计。其中，需要说明的是农药价格，调查发现，部分农户在病虫害防治中施用了价格较高的农药，如杜邦公司生产的康宽（氯虫苯甲酰胺）农药和先正达公司生产的福戈（氯虫·噻虫嗪）农药，每 500 毫升的价格均在 1 000 元左右，通过与农户反复确认和网络查询，最终本书将其包括在内。此外，笔者在调研时还发现一些个别现象，浙江省某农户的房产价值为 5 000 万元，这是因为该农户除了水稻生产外，还兼营了茶叶工厂，因此房产价值过高。

表6-3   水稻农户病虫害防治行为模型的样本描述性统计

变量名称	变量定义	样本数	均值	标准差	最小值	最大值
病虫害防治时间的信息来源						
个人经验	1=是，0=否	1 135	0.41	0.49	0	1
政府农技员	1=是，0=否	1 135	0.29	0.45	0	1
农资经销店与企业	1=是，0=否	1 135	0.14	0.34	0	1
网络和媒体	1=是，0=否	1 135	0.05	0.23	0	1
社会资本	1=是，0=否	1 135	0.05	0.21	0	1
其他	1=是，0=否	1 135	0.06	0.24	0	1
农户个人特征						
性别	1=男性，0=女性	1 135	0.91	0.29	0	1
年龄	单位：岁	1 135	57.04	9.62	26	84
教育程度	单位：年	1 135	6.72	3.15	0.5	20
务农年限	单位：年	1 135	38.34	12.63	1	72
是否具有外出务工经历	1=是，0=否	1 135	0.59	0.49	0	1
是否为村干部	1=是，0=否	1 135	0.11	0.32	0	1
农户家庭特征						
家庭人口规模	单位：人	1 135	4.61	2.10	1	19
距离县（市、区）的距离	单位：公里	1 135	20.69	11.01	0	140
家庭房产价值	单位：万元	1 135	32.65	153.81	0	5 000
防治病虫害行为						
是否防治病虫害	1=是，0=否	14 456	0.51	0.50	0	1
农药价格	元/500毫升	14 456	85.79	102.23	0.1	1 010
是否为次要病虫害	1=是，0=否	14 456	0.33	0.47	0	1
是否为草害	1=是，0=否	14 456	0.11	0.31	0	1
防治虫害行为						
是否防治虫害	1=是，0=否	7 667	0.47	0.50	0	1
农药价格	元/500毫升	7 667	96.48	112.06	0.1	800.0

变量名称	变量定义	样本数	均值	标准差	最小值	最大值
防治病害行为						
是否防治病害	1 = 是，0 = 否	5 179	0.42	0.49	0	1
农药价格	元/500 毫升	5 179	77.41	97.50	0.1	1 010
防治草害行为						
是否防治草害	1 = 是，0 = 否	1 610	0.95	0.21	0	1
农药价格	元/500 毫升	1 610	61.84	46.14	2	400

　　资料来源：2016 年课题组对全国 5 个省 18 个县 37 个乡 71 个行政村 1 135 个施用农药且能提供病虫害防治名称农户的随机调查数据。

6.3.2　农户是否防治病虫害的决定因素

　　表 6 - 4 列出了水稻农户病虫害防治决定因素的 Probit 模型估计结果。为了比较不同病虫害防治时间技术信息来源之间的差异，列（1）为以个人经验为对照组的估计结果；列（2）为以农资经销店与企业为对照组的估计结果。表 6 - 4 中的估计系数均为边际效应。

表 6 - 4　　　　水稻农户病虫害防治行为决定因素的估计结果

变量	是否防治 （对照个人经验）	是否防治病虫害 （对照经销店与企业）
农药施用成本		
农药价格	- 0.017 *** (0.004)	- 0.017 *** (0.004)
病虫害防治时间信息来源		
个人经验	—	0.022 (0.015)
政府农技员	0.037 *** (0.012)	0.058 *** (0.015)

续表

变量	是否防治 （对照个人经验）	是否防治病虫害 （对照经销店与企业）
农资经销店与企业	-0.022 (0.015)	—
网络和媒体	0.032 (0.021)	0.054** (0.023)
社会资本	-0.009 (0.022)	0.013 (0.024)
其他	0.004 (0.023)	0.026 (0.025)
病虫草害类型		
是否为次要病虫害	-0.500*** (0.008)	-0.500*** (0.008)
是否为草害	0.460*** (0.011)	0.460*** (0.011)
农户个人特征		
性别	0.003 (0.017)	0.003 (0.017)
年龄	-0.026 (0.037)	-0.026 (0.037)
教育程度	0.003 (0.008)	0.003 (0.008)
务农年限	0.007 (0.013)	0.007 (0.013)
是否具有外出务工经历	0.010 (0.011)	0.010 (0.011)
是否为村干部	0.011 (0.015)	0.011 (0.015)

变量	是否防治 （对照个人经验）	是否防治病虫害 （对照经销店与企业）
家庭特征		
家庭人口规模	0.002 (0.010)	0.002 (0.010)
距离县（市、区）的距离	0.002 (0.009)	0.002 (0.009)
家庭房产价值	−0.004* (0.002)	−0.004* (0.002)
样本容量	14 456	

注：*、** 和 *** 分别表示在 10%、5% 和 1% 的统计水平上显著，括号内为稳健标准误。在回归时考虑了地区虚变量的影响，但是限于篇幅未列出。

　　农药价格对农户是否施用农药防治病虫害有显著影响。计量结果显示，农药价格的系数在 1% 的水平上显著，这意味着在其他因素不变的情况下，农药价格每提高 1%，施用农药防治病虫害的概率将会下降 1.7%（见表 6 − 4）。这个结果符合本书的假设，说明农户是否防治病虫害对于农药价格的变化是敏感的，当农药价格上涨时，农户出于经济效益的考虑，可能会选择不施用农药防治病虫害。之前的文献研究发现，农药价格对于农户农药施用具有显著负向影响[1]，而本章对上述文献进行了进一步的拓展，证明了农药价格也是影响农户是否施用农药防治病虫害的关键决定因素。

　　政府农技员提供的病虫害防治时间技术信息可以显著提高施用农药防治病虫害的概率。计量结果显示，在其他因素不变的情况下，如果以个人经验来决定病虫害防治时间作为对照组，从政府农技员那里获取病虫害防治时间技术信息可以使施用农药防治病虫害的概率提高 3.7%；

---

　　[1]　孙生阳，胡瑞法，张超. 技术信息来源对水稻农户过量和不足施用农药行为的影响[J]. 世界农业，2021，5（8）：97 − 109.

如果以从农资经销店与企业获取病虫害防治时间技术信息作为对照组，从政府农技员那里获取病虫害防治时间技术信息可以使施用农药防治病虫害的概率提高 5.8%（见表 6-4）。该结果说明，2006 年以来中国政府农业技术推广体系去商业化改革取得了一定程度的效果，尤其是中国政府农业技术推广部门长期以来重视水稻病虫害的防治工作，通过及时预报与加强监督，能够提供及时有效的病虫害发生信息，并及时告知农民进行防治。尽管许多农户选择个人经验、农资经销店与企业作为主要的病虫害防治时间信息来源，但是由于农户农药施用技术知识水平较低和农资经销店与企业道德风险问题的存在，政府农业技术推广部门在指导农户进行病虫害防治方面依然发挥着重要作用。

网络和媒体提供的病虫害防治时间技术信息可以显著提高施用农药防治病虫害的概率。计量结果显示，在其他因素不变的情况下，与从农资经销店与企业获取病虫害防治时间技术信息相比，网络和媒体所提供的病虫害防治时间技术信息将会使施用农药防治病虫害的概率提高 5.4%（见表 6-4）。尽管网络和媒体在当前中国农村并没有完全普及，但是由于互联网传播信息的及时性与便利性，农户可以从相关网站及时获取病虫害的发生信息并查询每种病虫害对于水稻生产的危害程度，从而进行及时防治。

病虫害类型对是否施用农药防治病虫害有显著影响。计量结果显示，在其他因素不变的情况下，与主要病虫害相比，当防治对象为次要病虫害时，农户施用农药对其防治的概率将会降低 50%。本章从两个方面解释这一结果，一是相对于主要病虫害而言，次要病虫害的发生频率较低且对粮食产量造成的损失较少，农户出于农药施用成本的考虑，可能并不对所有发生的次要病虫害进行防治；二是当前农户并没有完全掌握农药施用技术信息，部分农户认为防治主要病虫害所施用的农药可以兼治发生的次要病虫害，因此没有针对次要病虫害进行单独防治。本章还发现，在其他因素不变的情况下，与主要病虫害相比，当防治对象为草害时，施用农药对其防治的概率将会提高 46%（见表 6-4）。这主要是因为除草多发生在草害生长的初期，如果不及时进行防治，后续防治草害的难度较高，因此农户会及时针对草害进行防治。

在其他控制变量中，农户的家庭房产价值对是否施用农药防治病虫害有显著的负向影响。计量结果显示，在其他因素不变的情况下，农户的家庭房产价值每增加 1%，施用农药防治病虫害的概率将会下降 0.4%（见表 6 - 4）。这个结果也反映了当前中国小农户的生产行为，对于经济条件较好的农户来说，其从事农业生产只是满足保障性需求与满足自己家庭的消费，通常在农业生产中倾向于减少农药的施用。

6.3.3　农户防治不同类型病虫害行为的决定因素

表 6 - 5 列出了水稻农户虫害、病害与草害防治行为决定因素的 Probit 模型估计结果。其中，列（1）、列（2）和列（3）依次为是否防治虫害、是否防治病害和是否防治草害的估计结果，表中的估计系数均为边际效应。

表 6 - 5　　水稻农户防治虫害、病害和草害行为决定因素的估计结果

变量	是否防治虫害	是否防治病害	是否防治草害
农药施用成本			
农药价格	-0.016 *** (0.005)	-0.038 *** (0.006)	0.004 (0.003)
信息来源（对照经销店与企业）			
个人经验	-0.001 (0.018)	0.026 (0.023)	0.011 (0.012)
政府农技员	0.043 ** (0.019)	0.058 ** (0.023)	0.023 * (0.010)
网络和媒体	0.031 (0.028)	0.018 (0.032)	—
社会资本	-0.004 (0.030)	0.008 (0.035)	0.022 (0.012)

续表

变量	是否防治虫害	是否防治病害	是否防治草害
其他	−0.001 (0.030)	−0.041 (0.036)	0.023 (0.010)
农户个人特征			
性别	0.005 (0.022)	−0.026 (0.024)	−0.018 (0.011)
年龄	−0.040 (0.046)	0.056 (0.054)	−0.041 (0.033)
教育程度	−0.003 (0.010)	0.009 (0.012)	−0.002 (0.007)
务农年限	0.017 (0.017)	−0.022 (0.019)	0.004 (0.010)
是否具有外出务工经历	0.029 ** (0.013)	0.003 (0.016)	0.015 (0.010)
是否为村干部	0.014 (0.019)	−0.001 (0.023)	−0.025 (0.019)
家庭特征			
家庭人口规模	0.010 (0.013)	0.001 (0.015)	−0.017 ** (0.009)
距离县（市、区）的距离	−0.019 * (0.011)	−0.007 (0.012)	0.013 ** (0.007)
家庭房产价值	−0.007 ** (0.003)	0.004 (0.004)	0.002 (0.001)
样本容量	7 667	5 179	1 521

注：*、** 和 *** 分别表示在10%、5%和1%的统计水平上显著，括号内为稳健标准误。在回归时考虑了地区虚变量的影响，但是限于篇幅未列出。

农药价格对是否施用农药防治虫害与是否施用农药防治病害有显著影响。计量结果显示，在其他因素不变的情况下，防治虫害的农药价格每提高1%，施用农药防治虫害的概率将会下降1.6%；类似的，防治病害的农药价格每提高 1%，施用农药防治病害的概率将会下降 3.8%（见表 6 - 5）。但是研究也发现，防治草害的农药价格变化对于是否防治草害的影响并不显著，一方面是用于草害防治的农药价格普遍低于虫害防治与病害防治的农药价格；另一方面是农户在草害防治中，可能存在劳动替代的行为，即通过人工除草的方式来代替除草剂的施用。

政府农技员提供的病虫害防治时间技术信息可以显著提高施用农药防治虫害、防治病害和防治草害的概率。计量结果显示，在其他因素不变的情况下，与从农资经销店与企业获取病虫害防治时间技术信息相比，政府农技员提供的病虫害防治时间技术信息可以使施用农药防治虫害、防治病害与防治草害的概率分别提高 4.3%、5.8% 和 2.3%（见表 6 - 5），这也充分说明了当前的政府农技推广工作在指导农户进行病虫害防治方面的作用是稳健的。

需要说明的是，在 1 135 户农户中一共有 61 户农户选择从网络和媒体渠道获取病虫害防治时间技术信息，研究同时也发现，这 61 户农户均对发生的草害进行了防治，即当解释变量是否从网络和媒体渠道获取病虫害防治时间技术信息取值为 1 时，被解释变量是否防治草害的取值全部等于 1。在 Stata 13 的操作指南中针对这种情况进行了具体说明，如果出现这种"完美预测（predicts success perfectly）"的情况，解释变量的估计系数将会出现无穷大，因此无法估计。在实际操作中，Stata 13 会将导致这个问题的观察值进行自动删除，以免使模型中剩余的估计系数产生偏差。鉴于课题组在抽样调查中已经保证了样本的随机性与样本容量，因此这样的处理在理论与实践中是具有可操作性的。

在其他控制变量中，农户外出务工经历对是否防治虫害有显著影响。计量结果显示，有外出务工经历的农户比没有外出经历的农户防治虫害的概率高了 2.9%，这说明具有外出转移经历的返乡农户在农业生产中扮演着越来越重要的角色，具有外出转移经历的返乡农户可能具备更加丰富的病虫害防治知识，因此防治虫害的概率较高。同时研究也发现，农户的家庭房产价值每增加1%，农户防治虫害的概率将会下降0.7%（见表6-5），这与表6-4的估计结果一致，但是农户的家庭房产价值对于农户是否防治病害和是否防治草害并没有显著影响。

6.4 本章小结

本章基于病虫害具有迁飞性和跨越农田物理边界的属性，假定同一样本村内的农户面临的病虫害暴发风险是一致的。研究发现，农户在面临病虫害暴发时普遍存在着"未防治"行为。在此基础上，本章通过计量经济学的实证研究方法，讨论了农户是否防治每一种病虫害的决定因素。总结上述分析结果，本章主要得到以下几点结论：

第一，农药价格是影响农户病虫害防治行为的关键因素。在特定的生产技术与市场交易条件下，农药价格决定了农户是否进行病虫害防治的行为。本章结果表明，当农药价格上涨时，施用农药防治病虫害的概率将会下降，这说明价格是调整农户农药施用行为的可行措施。但是研究也发现，在防治对象为草害时，农药价格变化对农户的草害防治行为影响并不显著。

第二，政府农技部门提供的技术信息能够提高农户防治病虫害的概率。在当前多元化的农业社会化服务背景下，农资经销店与企业逐渐成为农户决定农药施用时间的主要技术信息来源。当控制了病虫害类型后，本章发现，与从农资经销店与企业获取病虫害防治时间技术信息相比，从政府农技员那里获取病虫害防治时间技术信息将会使农户防治每一种病虫害的概率有所提高。类似地，从农户防治虫害、病害与草害的角度进行分析，本章依然发现政府农技员所提供的病虫害防治时间技术信息对于农户防治行为有显著的正向影响。

第三，病虫害发生风险是影响农户是否进行防治的主要因素。与主要病虫害相比，农户防治次要病虫害的概率较低。结果表明，如果以主要病虫害为对照组，当防治的病虫害种类为次要病虫害时，农户进行防治的概率将会下降50.0%。这也充分说明，在当前水稻种植过程中，农户的主要防治对象集中在主要病虫害，对于次要病虫害的关注较少。但是结果也发现，农户对于水稻中发生的草害几乎都采取了农药防治措施。

第四，农户家庭经济情况对农户是否防治病虫害有显著影响。对于经济条件较好的农户，从事农业生产只是满足其保障性需求与满足自己家庭的消费，通常倾向于不施用农药防治病虫害。尤其是在虫害防治中，考虑到杀虫剂的毒性较大，家庭房产价值越高的农户，施用农药防治虫害的概率越低。

第 7 章

农户水稻生产的农药施用量
及其决定因素研究

本章将根据农户每次对某种病虫害防治的农药施用量，对比其推荐施用量，重点研究农户在施用农药防治病虫害的条件下，其农药施用的决定因素。本章主要回答以下几个问题：农户的农药施用量决定因素有哪些？农户的农药施用是否都存在着过量施用现象？其决定因素是什么？不同来源的技术信息对农户的农药施用量影响是否存在着差异？

■ 7.1　农户的农药施用量与标准用量

依据指数当量法，本章将农户每次对每种病虫害的防治分为农药过量施用、农药适量施用与农药不足施用。通过测算 1 135 户农户水稻生产过程中每次对每种病虫害防治所施用农药的实际指数当量，并对比其实际指数当量与推荐施用量的差异，判断农户在每次防治每种病虫害时的农药用量是否过量、适量或者不足及其相应程度（详见附录 9）。

农户在病虫害防治中普遍存在着农药过量施用与不足施用并存。研究表明，在 1 135 户农户的 7 317 次病虫害防治中，过量施用农药和不足施用农药分别为 3 977 次和 2 337 次，分别占全部防治次数的 54.4% 和 31.9%，适量施用农药的比例不足 1/3（见表 7 - 1）。如果从过量施用程度与不足施用程度的角度分析，农户在 3 977 次过量施用农药防治病虫害中，平均每次过量施用农药 747.3 毫升/公顷；在 2 337 次不足施用农药防治病虫害中，平均每次不足施用农药 495.4 毫升/公顷（见表 7－1），研究发现，尽管农药过量施用与不足施用并存，但是农药过量施用程度高于农药不足施用程度。

与次要病虫害相比，农户在防治主要病虫害时过量施用农药的比例较高。研究表明，在 5 030 次主要病虫害防治中，过量施用农药达到了 2 934 次，约占全部主要病虫害防治次数的 58.3%；而在 750 次次要病虫害防治中，过量施用农药防治次数约占全部次要病虫害防治次数的 55.6%（见表 7－1）。如果从过量程度上看，农户在防治主要病虫害时，平均每次过量施用农药 650.6 毫升/公顷；在防治次要病虫害时，平均每次过量施用农药 399.5 毫升/公顷，防治主要病虫害的农药过量施用程度约为防治次要病虫害农药过量施用程度的 1.6 倍（见表 7－1）。

与次要病虫害相比，农户在防治主要病虫害时不足施用农药的比例较低。研究表明，在 5 030 次主要病虫害防治中，不足施用农药达到了 1 374 次，约占全部主要病虫害防治次数的 27.3%；而在 750 次次要病虫害防治中，不足施用农药约占全部次要病虫害防治次数的 32.4%（见表 7－1）。如果从农药不足施用程度上看，农户在防治主要病虫害时，平均每次不足施用农药 472.4 毫升/公顷；在防治次要病虫害时，平均每次不足施用农药 278.4 毫升/公顷，防治主要病虫害的农药不足施用程度约为防治次要病虫害农药不足施用程度的 1.7 倍（见表 7－1）。

与虫害和病害相比，农户在草害防治中农药过量施用的比例较低，但是农药过量施用程度较高。研究发现，农户在 1 537 次草害防治中，过量施用农药 626 次，占到了全部草害防治次数的 40.7%，分别比虫害和病害防治中过量施用农药的比例低了 17.7 和 16.5 个百分点，但需要指出的是，农户在草害防治中农药过量施用程度最高，平均每次过量施用农药 1 432.0 毫升/公顷，分别比虫害和病害防治中过量施用农药程度高了 782.8 毫升/公顷和 863.1 毫升/公顷（见表 7－1）。

表7-1   水稻农户生产中不同类型病虫害防治的农药施用量
所占比例及其程度

病虫害种类	总频次	比例（%）			过量、适量与不足平均值（毫升/公顷）		
		过量	适量	不足	过量	适量	不足
1. 主要与次要病虫害							
主要病虫害	5 030	58.3	14.4	27.3	650.6	202.1	472.4
主要虫害	3 241	58.2	14.9	26.8	678.4	204.8	641.5
主要病害	1 789	58.5	13.3	28.2	600.6	196.5	180.6
次要病虫害	750	55.6	12.0	32.4	399.5	154.4	278.4
次要虫害	364	60.2	12.6	27.2	397.7	100.1	430.2
次要病害	386	51.3	11.4	37.3	401.5	211.1	174.1
草害	1 537	40.7	12.4	46.8	1 432.0	569.5	612.5
总计	7 317	54.4	13.7	31.9	747.3	267.8	495.4
2. 按病虫害类型							
虫害	3 605	58.4	14.7	26.9	649.2	195.7	619.9
病害	2 175	57.2	13.0	29.8	568.9	198.8	179.1
草害	1 537	40.7	12.4	46.8	1 432.0	569.5	612.5
总计	7 317	54.4	13.7	31.9	747.3	267.8	495.4

资料来源：2016 年课题组对全国 5 个省 18 个县 37 个乡 71 个行政村 1 135 个施用农药且能提供病虫害防治名称农户的随机调查数据。

从防治具体病虫害的角度进行分析，农户在防治 18 种病虫害时，农药过量施用次数超过了全部防治次数的 50%。这些病虫害主要包括：稻纵卷叶螟、稻飞虱、二化螟、稻瘟病、纹枯病、蚜虫、大螟、稻蓟马、稻象甲、枯叶夜蛾、蚂蟥、立枯病、霜霉病、鞘腐败病、赤枯病、恶苗病、紫秆病和轮纹病（见图 7-1、附录 9）。从过量施用程度上看，农户在防治 7 种病虫害时，平均每次农药过量施用程度超过了 600 毫升/公顷，这些病虫害主要包括：稻纵卷叶螟、二化螟、稻瘟病、蝗虫、稻象甲、立枯病和草害。需要特别指出的是，尽管稻象甲和立枯病属于次要病虫害，但是农药过量施用程度却最为严重，在过量施用农药防治稻象甲和立枯病的样本中，平均每次过量施用农药 1 280 毫升/公顷和 1 444.4 毫升/公顷（见表 7 - 2、附录 9）。但同时研究也发现，对于绝大多数次要病虫害来说，农药过量施用程度并不明显，甚至在防治胡麻斑病、稻粒黑粉病和疫霉病时没有出现农药过量施用的情况（见附录 9）。

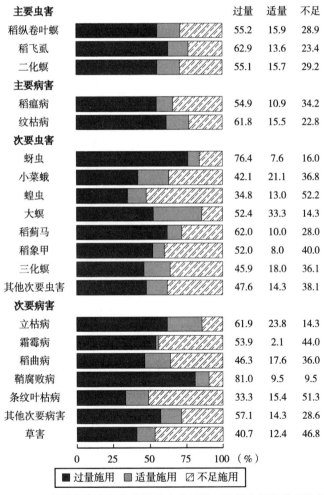

	过量	适量	不足
主要虫害			
稻纵卷叶螟	55.2	15.9	28.9
稻飞虱	62.9	13.6	23.4
二化螟	55.1	15.7	29.2
主要病害			
稻瘟病	54.9	10.9	34.2
纹枯病	61.8	15.5	22.8
次要虫害			
蚜虫	76.4	7.6	16.0
小菜蛾	42.1	21.1	36.8
蝗虫	34.8	13.0	52.2
大螟	52.4	33.3	14.3
稻蓟马	62.0	10.0	28.0
稻象甲	52.0	8.0	40.0
三化螟	45.9	18.0	36.1
其他次要虫害	47.6	14.3	38.1
次要病害			
立枯病	61.9	23.8	14.3
霜霉病	53.9	2.1	44.0
稻曲病	46.3	17.6	36.0
鞘腐败病	81.0	9.5	9.5
条纹叶枯病	33.3	15.4	51.3
其他次要病害	57.1	14.3	28.6
草害	40.7	12.4	46.8

■过量施用　■适量施用　▨不足施用

图 7 - 1　水稻农户病虫害防治中农药过量、适量和不足施用比例

同样从防治具体病虫害的角度进行分析，农户在防治 5 种病虫害时，农药不足施用次数超过了全部防治次数的 50%，这些病虫害种类主要包括：蝗虫、叶蝉、条纹叶枯病、稻粒黑粉病和烂秧病（见图 7 - 1、附录 9）。从不足施用程度上看，农户在防治 9 种病虫害时，平均每次农药不足施用程度超过了 600 毫升/公顷，这些病虫害主要包括：稻纵卷叶螟、二化螟、蝗虫、大螟、稻蓟马、蚂蟥、立枯病、烂秧病和草害。尤其是在防治稻纵卷叶螟、立枯病和烂秧病时，平均每次农药不足施用程度超过了 1 100 毫升/公顷（见表 7 - 2、附录 9）。

表 7 - 2　　水稻农户病虫害防治中次均农药过量和不足施用程度

病虫害种类	平均值（毫升/公顷）	
	过量	不足
主要虫害		
稻纵卷叶螟	805.6	1 134.6
稻飞虱	569.5	249.6
二化螟	728.9	651.9
主要病害		
稻瘟病	684.9	214.8
纹枯病	533.5	134.5
次要虫害		
蚜虫	295.7	109.1
小菜蛾	596.2	165.2
蝗虫	775.5	889.7
大螟	152.6	631.2
稻蓟马	297.9	801.2
稻象甲	1 280.0	550.3
三化螟	496.9	340.4
其他次要虫害	213.5	268.2

续表

病虫害种类	平均值（毫升/公顷）	
	过量	不足
次要病害		
立枯病	1 444. 4	1 147. 1
霜霉病	429. 6	89. 8
稻曲病	206. 4	80. 6
鞘腐败病	267. 6	162. 8
条纹叶枯病	378. 8	174. 3
其他次要病害	349. 5	1 037. 5
草害	1 432. 0	612. 5

资料来源：2016 年课题组对全国 5 个省 18 个县 37 个乡 71 个行政村 1 135 个施用农药且能提供病虫害防治名称农户的随机调查数据。

7.2 农户农药施用量的技术信息来源

不同的农药施用量技术信息来源会影响到农户的农药施用量。为此，在详细调查农户农药施用相关技术信息来源的基础上，课题组也调查了农户在决定农药施用量时的技术信息来源（见图 7 - 2）。调查发现，农户在决定农药施用量时，其施用量主要依靠个人经验来决定的比例最高，在全部 1 135 户农户中有 393 户选择依靠个人经验，占全部样本农户的 34.6%；依靠政府农资经销店与企业来决定农药施用量的比例位居其次，有 328 户，占全部样本农户的 28.9%；依靠政府农技员决定农药施用量的比例排第三，有 256 户，占全部样本户的 22.6%。这个结果与之前的报道一致，农资经销店与企业成为除个人经验外，农户获取农药施用量信息最重要的来源①。

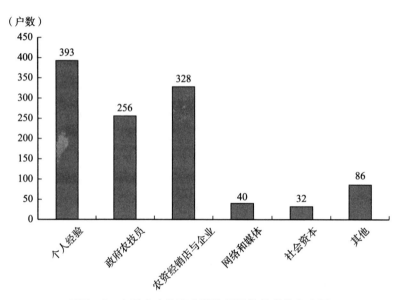

图 7 - 2　水稻农户决定农药施用量的技术信息来源

　　类似地，以手机电脑为代表的网络和媒体或者以生产大户示范和农民合作组织为代表的社会资本来源并不是农户在决定农药施用量时的主要技术信息来源。尽管目前有研究针对不同信息传递渠道对农户的农药施用行为展开了实证研究，但是多数研究的被解释变量为农药的施药成本或施药次数，尚未有研究就不同技术信息来源对农户防治病虫害的农药过量施用与不足施用行为进行实证分析。

---

　　① 孙生阳，胡瑞法，张超. 技术信息来源对水稻农户过量和不足施用农药行为的影响[J]. 世界农业，2021，5（8）：97－109.

7.3　计量模型与结果分析

7.3.1　计量模型设定

对每一个防治频次而言，农户的农药施用行为包含两个方面内涵，一是是否过量或不足施用农药；二是如果过量或不足施用农药，过量或不足施用农药的程度如何。因此，本书采用"两部分模型"（two part model）研究农户农药过量施用与不足施用的决定因素[①]。

本书首先定义第 i 个农户防治的第 t 种病虫害，按照农药施用的标准推荐量，如果农户在对其防治过程中过量施用了农药，则定义虚变量 $Overuse_{it}=1$，否则 $Overuse_{it}=0$，对于被第 i 个农户过量施用农药防治的第 t 种病虫害，可以观测到其过量施用程度 $Overuseamount_{it}>0$；同理，如果农户在对其防治过程中施用农药不足，则定义虚变量 $Underuse_{it}=1$，否则 $Underuse_{it}=0$，被第 i 个农户不足施用农药防治的第 t 种病虫害，可以观测到其不足施用程度 $Underuseamount_{it}>0$。

按照陈强（2014）的解释，对于"两部分模型"，通常假设两个部分互相独立，故可分别进行估计[②]。对于第一部分的二值选择模型，可以使用全样本进行 Probit 估计；对于第二部分的模型，则使用由可观测值组成的子样本进行 OLS 估计。

为此，本书构建了如下的"两部分模型"，其中第一部分模型为农户在病虫害防治过程中，是否过量施用农药和是否不足施用农药防治病虫害：

[①]　Cragg J. G. Some Statistical Models for Limited Dependent Variables with Application to the Demand for Durable Goods [J]. *Econometrica*，1971，39（5）：829－844.

[②]　陈强. 高级计量经济学及 Stata 应用 [M]. 北京：高等教育出版社，2014.

$$Overuse_{it}/Underuse_{it} = \alpha_0 + \alpha_1 Pricep_{it} + \alpha_2 Household_i + \alpha_3 Pests_{it}$$
$$+ \alpha_4 Amount_i + Province_i + \varepsilon_{it} \qquad (7.1)$$

式（7.1）中的解释变量主要包括：$Pricep_{it}$ 为第 i 个农户防治第 t 种病虫害时所施用农药的价格，$Household_i$ 为第 i 个农户的个人与家庭特征情况，包括性别、年龄、受教育程度、务农年限、是否具有外出务工经历、是否为村干部、家庭人口规模、家庭距离县（市、区）的距离和家庭房产价值；$Pest_{it}$ 为第 i 个农户防治的第 t 种病虫害的类型，由一组虚变量构成，包括是否为次要病虫害和是否为草害（以是否为主要病虫害为对照组）；$Amount_i$ 为第 i 个农户如何决定农药施用量的技术信息来源，包括是否来自个人经验、是否来自政府农技员、是否来自网络和媒体、是否来自社会资本和是否来自其他信息来源（以是否来自农资经销店与企业为对照组）；$Province_i$ 为一组省份地区虚变量，此外，ε_{it} 是模型的随机误差项，$\alpha_1 \sim \alpha_4$ 为相应解释变量的回归系数。在第 3 章实证计量经济模型中已经说明了对于农户是否过量施用农药和是否不足施用农药防治病虫害是一个典型的二元选择问题，因此使用 Probit 模型进行估计。类似地，本书根据上述模型，也对农户是否过量施用农药和是否不足施用农药防治虫害、病害与草害的行为分别进行了估计。

在第二部分模型中，本书分别对可观测到的病虫害防治中农药过量施用程度与农药不足施用程度分别进行了估计，并构建了如下的计量经济学模型：

$$Overuseamount_{it}/Underuseamount_{it} = \beta_0 + \beta_1 Pricep_{it} + \beta_2 Household_i + \beta_3 Pests_{it}$$
$$+ \beta_4 Amount_i + Province_i + \upsilon_{it} \qquad (7.2)$$

与偶然断尾或样本选择问题不同，"两部分模型"通常假设两个模型互相独立，因此第二部分模型与第一部分模型所使用的解释变量在理论上可以完全相同。类似地，本章根据上述模型，也对农户虫害防治、病害防治和草害防治中的农药过量施用和不足施用程度进行了估计。其中，农药的过量施用程度、农药的不足施用程度、农户的年龄、教育程度、务农年限、家庭人口规模、距离县（市、区）的距离、家庭房产价值和农药价格等相关变量均以对数形式在模型中呈现。表 7 – 3 列出了相关主要变量的描述性统计。

需要说明的是，上述过量施用与不足施用针对的是农户对生产上发生的每一种病虫害。而对于生产上所发生的各种病虫害，农户施用的农药总量的决定因素是什么？为了回答这一问题，在两部分模型估计前，作为比较，本书还对每户的单位面积农药施用量的决定因素进行了估计，采用的计量经济学模型为：

$$Pesticide_i = \delta_0 + \delta_1 Price_i + \delta_2 Household_i + \delta_3 Amount_i + Province_i + \varepsilon_i$$

$$(7.3)$$

式（7.3）中被解释变量 $Pesticide_i$ 为第 i 个农户的单位面积农药施用量。解释变量 $Price_i$ 为第 i 个农户的农药施用价格（用该农户的农药总花费除以农药总施用量来测算）；$Household_i$ 为第 i 个农户的个人与家庭特征情况，包括性别、年龄、受教育程度、务农年限、是否具有外出务工经历、是否为村干部、家庭人口规模家庭、距离县（市、区）的距离和家庭房产价值；$Amount_i$ 为第 i 个农户如何决定农药施用量的技术信息来源，包括是否来自个人经验、是否来自政府农技员、是否来自网络和媒体、是否来自社会资本和是否来自其他信息来源（以是否来自农资经销店与企业为对照组）；$Province_i$ 为一组省份地区虚变量，此外，ε_{ii} 是模型的随机误差项，$\delta_1 \sim \delta_3$ 为相应解释变量的回归系数。在第 3 章研究方法与计量模型中已经说明，对于式（7.3）的估计方法为普通最小二乘法。类似地，本章根据上述模型，也对农户虫害防治、病害防治与草害防治中的单位面积农药施用量分别进行了估计。其中，农户的单位面积农药施用量、农户的年龄、教育程度、务农年限、家庭人口规模、距离县（市、区）的距离、家庭房产价值和农药价格等相关变量均以对数形式在模型中呈现。相关主要变量的描述性统计在表 7 – 3 中呈现。

表 7 - 3　　水稻农户病虫害防治中农药施用量行为模型的样本描述性统计

变量名称	变量定义	样本数	均值	标准差	最小值	最大值
防治病虫害行为						
单位面积农药施用量	毫升/公顷	1 135	16 878.88	20 236.29	22.5	268 333.0
农药价格	元/500 毫升	1 135	67.29	64.64	2.5	485.4
是否过量施用农药	1 = 是，0 = 否	7 317	0.54	0.50	0	1
农药过量施用程度	毫升/公顷	3 977	747.28	2 484.26	0.3	80 318.2
是否施用农药	1 = 是，0 = 否	7 317	0.32	0.47	0	1
农药不足施用程度	毫升/公顷	2 337	495.42	951.31	0.0	7 998.0
病虫害防治农药价格	元/500 毫升	7 317	87.51	112.80	0.1	1 010
是否为次要病虫害	1 = 是，0 = 否	7 317	0.10	0.30	0	1
是否为草害	1 = 是，0 = 否	7 317	0.21	0.41	0	1
防治虫害行为						
单位面积农药施用量	毫升/公顷	825	8 720.77	14 024.67	22.5	217 500.0
农药价格	元/500 毫升	825	97.46	114.77	0.1	800.0
是否过量施用农药	1 = 是，0 = 否	3 605	0.58	0.49	0	1
农药过量施用程度	毫升/公顷	2 106	649.20	2 244.73	0.3	53 303.3
是否不足施用农药	1 = 是，0 = 否	3 605	0.27	0.44	0	1
农药不足施用程度	毫升/公顷	969	619.92	1 315.62	0.0	7 998.0
虫害防治农药价格	元/500 毫升	3 605	101.55	131.47	0.1	800.0

续表

变量名称	变量定义	样本数	均值	标准差	最小值	最大值
防治病害行为						
单位面积农药施用量	毫升/公顷	666	7 398.58	11 965.55	50.0	114 703.1
农药价格	元/500 毫升	666	72.99	93.54	0.1	1 010.0
是否过量施用农药	1=是，0=否	2 175	0.57	0.49	0	1
农药过量施用程度	毫升/公顷	1 245	568.91	935.43	1.8	8 400
是否不足施用农药	1=是，0=否	2 175	0.30	0.46	0	1
农药不足施用程度	毫升/公顷	648	179.13	531.48	0.3	7 790
病害防治农药价格	元/500 毫升	2 175	80.24	106.83	0.1	800.0
防治草害行为						
单位面积农药施用量	毫升/公顷	1 060	3 849.46	7 623.77	7.2	136 363.6
农药价格	元/500 毫升	1 060	61.80	44.25	2.0	400.0
是否过量施用农药	1=是，0=否	1 537	0.41	0.49	0	1
农药过量施用程度	毫升/公顷	626	1 431.96	4 470.27	0.8	80 318.2
是否不足施用农药	1=是，0=否	1 537	0.47	0.50	0	1
农害不足施用程度	毫升/公顷	720	612.54	480.69	0.5	2 243.7
草害防治农药价格	元/500 毫升	1 537	62.72	46.76	2	400

资料来源：2016 年课题组对全国 5 个省 18 个县 37 个乡 71 个行政村 1 135 个施用农药且能提供病虫害防治名称农户的随机调查数据。农户个人与家庭特征描述性统计已在表 6-3 中列出。

7.3.2 农户病虫害防治农药施用量的决定因素

表 7 - 4 列出了水稻农户生产中单位面积农药施用量、病虫害防治中农药过量与不足施用行为决定因素的模型估计结果。表 7 - 4 中的估计系数均为边际效应。

农药价格对农户单位面积农药施用量、是否过量施用农药和是否不足施用农药均有显著影响。计量结果显示，在其他因素不变的情况下，农药价格每提高 1%，农户单位面积农药施用量将会降低 0.599%、农户过量施用农药防治病虫害的概率将会降低 8.9%、农户不足施用农药防治病虫害的概率将会提高 6.2%。这个结果符合本书的假设，说明农药施用量对于价格的反映是敏感的，当农药价格较高时，农户施用农药的成本较高，因此农户可能会减少农药施用量，甚至出现农药的不足施用；而当农药价格较低时，农户将会增加农药的施用量，从而导致农药过量施用行为的出现。

表 7 -4　　水稻农户病虫害防治中农药施用量及相关行为
决定因素的估计结果

变量	农药施用量	过量施用		不足施用	
		是否过量	过量程度	是否不足	不足程度
农药施用成本					
农药价格	- 0.599 *** (0.029)	- 0.089 *** (0.005)	- 0.459 *** (0.020)	0.062 *** (0.005)	- 0.083 * (0.049)
信息来源（对照经销店与企业）					
个人经验	- 0.034 (0.072)	0.006 (0.016)	- 0.184 *** (0.066)	0.011 (0.015)	0.075 (0.100)
政府农技员	0.007 (0.072)	- 0.033 * (0.017)	- 0.225 *** (0.072)	0.010 (0.016)	- 0.230 ** (0.108)
网络和媒体	0.032 (0.124)	- 0.032 (0.033)	- 0.240 ** (0.133)	- 0.032 (0.030)	- 0.419 * (0.217)

续表

变量	农药施用量	过量施用		不足施用	
		是否过量	过量程度	是否不足	不足程度
社会资本	0.065 (0.147)	− 0.072 ** (0.034)	− 0.197 (0.139)	0.112 *** (0.034)	− 0.092 (0.217)
其他	0.043 (0.106)	− 0.009 (0.026)	− 0.314 *** (0.095)	0.027 (0.024)	− 0.698 *** (0.257)
病虫草害类型					
是否为次要病虫害	—	− 0.025 (0.020)	− 0.028 (0.073)	0.047 ** (0.019)	− 0.415 *** (0.116)
是否为草害	—	− 0.178 *** (0.015)	0.050 (0.080)	0.195 *** (0.015)	1.008 *** (0.086)
农户个人特征					
性别	− 0.177 * (0.101)	0.086 *** (0.022)	− 0.135 (0.088)	0.006 (0.020)	0.320 ** (0.142)
年龄	0.072 (0.209)	0.065 (0.050)	− 0.139 (0.209)	0.021 (0.045)	0.350 (0.305)
教育程度	− 0.094 ** (0.046)	− 0.020 ** (0.010)	− 0.092 ** (0.040)	0.011 (0.010)	− 0.066 (0.065)
务农年限	0.098 (0.074)	0.012 (0.017)	0.065 (0.065)	− 0.008 (0.016)	0.046 (0.094)
是否具有外出务工经历	0.066 (0.065)	0.003 (0.014)	0.250 *** (0.056)	0.000 (0.012)	0.102 (0.098)
是否为村干部	− 0.207 ** (0.092)	0.002 (0.019)	− 0.251 *** (0.086)	− 0.008 (0.018)	0.096 (0.148)
家庭特征					
家庭人口规模	− 0.034 (0.057)	− 0.031 ** (0.013)	0.043 (0.054)	0.025 ** (0.012)	− 0.233 *** (0.085)
距离县（市、区）的距离	− 0.061 (0.052)	− 0.019 * (0.011)	0.068 (0.045)	0.039 *** (0.010)	0.136 * (0.076)
家庭房产价值	0.020 (0.022)	− 0.011 ** (0.005)	− 0.058 *** (0.019)	0.009 * (0.005)	− 0.015 (0.025)
样本容量	1 135	7 317	3 977	7 317	2 337

注：*、** 和 *** 分别表示在 10%、5% 和 1% 的统计水平上显著，括号内为稳健标准误。在回归时考虑了地区虚拟变量的影响，但是限于篇幅未列出。

此外，农药价格对农药过量施用程度和农药不足施用程度均有显著影响。计量结果显示，在其他因素不变的情况下，农药价格每提高1%，农户过量施用农药的程度将会下降0.459%，农户不足施用农药的程度将会下降0.083%（见表7-4）。

政府农技员和社会资本提供的农药施用量技术信息可以显著降低过量施用农药防治病虫害的概率。计量结果显示，在其他因素不变的情况下，与通过从农资经销店与企业获取农药施用量信息相比，从政府农技员和社会资本渠道获取农药施用量信息可以使过量施用农药防治病虫害的概率分别降低3.3%和7.2%，同时，从政府农技员那里获取农药施用量信息，还可以使农药过量施用程度降低22.5%。此外，研究还发现，尽管个人经验、网络和媒体以及其他信息来源不能显著降低过量施用农药防治病虫害的概率，但是可以使农药过量施用程度分别降低18.4%、24%和31.4%（见表7-4）。

社会资本提供的农药施用量技术信息显著提高了不足施用农药防治病虫害的概率。计量结果显示，在其他因素不变的情况下，与通过从农资经销店与企业获取农药施用量信息相比，从社会资本渠道获取农药施用量信息将会使不足施用农药防治病虫害的概率提高11.2%。但同时研究也发现，尽管政府农技员、网络和媒体以及其他信息来源虽然不能显著改善不足施用农药防治病虫害的概率，但是可以使农药不足施用程度分别降低23%、41.9%和69.8%（见表7-4）。

病虫害种类对农药过量施用和不足施用有显著影响。计量结果显示，在其他因素不变的情况下，与防治主要病虫害相比，防治草害过量施用农药的概率将会下降17.8%。类似地，研究还发现，与防治主要病虫害相比，防治次要病虫害和草害时不足施用农药的概率将会分别提高4.7%和19.5%，这说明农户在防治次要病虫害和草害时更倾向于出现不足施用农药的现象。

教育程度对农户单位面积农药施用量、是否过量施用农药和农药过量施用程度均有显著影响。计量结果显示，在其他因素不变的情况下，农户的受教育年限每提高 1%，农户的单位面积农药施用量将会减少 0.094%，农户过量施用农药防治病虫害的概率将会降低 2.0%，农户过量施用农药的程度将会下降 0.092%（见表 7 - 4）。这说明农户的受教育年限对农药施用行为起到了显著影响，且受教育年限越长的农户单位面积农药施用量越低，农药过量施用的概率与程度也越低。

家庭房产价值对病虫害防治过量施用农药与不足施用农药均有显著的影响。计量结果显示，在其他因素不变的情况下，农户的家庭房产价值每增加 1%，病虫害防治过量施用农药的概率将会降低 1.1%，而且过量施用农药的程度将会下降 0.058%。此外，研究还发现，在其他因素不变的情况下，农户的家庭房产价值每增加 1%，病虫害防治不足施用农药的概率将会提高 0.9%。这个结果也反映了对于经济条件较好的农户来说，其农业生产只是满足其保障性需求与满足自己家庭的消费，在病虫害防治中倾向于少施用农药，甚至出现了施用不足的情况（见表 7 - 4）。

在农户的其他个人特征与家庭特征中，本书还发现农户的性别、是否为村干部、家庭人口规模、家庭距离县（市、区）的距离对于农户生产中的单位面积农药施用量、病虫害防治中是否过量施用农药与是否不足施用农药也有不同程度的影响。尽管这些变量不是本书的主要研究对象，但是也为后续研究农业生产与农村发展提供了借鉴与思考。

7.3.3　农户防治不同类型病虫害农药施用量的决定因素

表 7 - 5 ~ 表 7 - 7 列出了水稻农户虫害防治、病害防治和草害防治中单位面积农药施用量及相关行为决定因素的估计结果，表中的估计系数均为边际效应。

表 7 - 5 水稻农户虫害防治中农药施用量及相关行为
决定因素的估计结果

变量	农药施用量	过量施用		不足施用	
		是否过量	过量程度	是否不足	不足程度
农药施用成本					
农药价格	- 0.534 ***	- 0.083 ***	- 0.467 ***	0.058 ***	- 0.075
	(0.039)	(0.007)	(0.032)	(0.006)	(0.095)
信息来源（对照经销店与企业）					
个人经验	- 0.105	- 0.003	- 0.200 **	0.057 ***	0.402 **
	(0.106)	(0.022)	(0.091)	(0.021)	(0.180)
政府农技员	- 0.022	- 0.032	- 0.240 **	0.037 *	- 0.262
	(0.114)	(0.024)	(0.100)	(0.022)	(0.205)
网络和媒体	- 0.716 ***	- 0.127 **	- 0.561 ***	0.127 ***	- 0.560 *
	(0.240)	(0.050)	(0.208)	(0.049)	(0.319)
社会资本	0.095	- 0.158 ***	- 0.049	0.199 ***	0.589 *
	(0.205)	(0.048)	(0.205)	(0.049)	(0.334)
其他	0.055	- 0.086 **	- 0.275 **	0.113 ***	- 1.200 **
	(0.152)	(0.035)	(0.131)	(0.034)	(0.468)
农户个人特征					
性别	- 0.256 *	0.029	- 0.174	0.000	0.324
	(0.140)	(0.033)	(0.123)	(0.029)	(0.235)
年龄	- 0.204	0.001	- 0.163	0.088	0.208
	(0.314)	(0.069)	(0.297)	(0.060)	(0.585)
教育程度	- 0.095	- 0.034 **	- 0.176 ***	0.010	- 0.132
	(0.067)	(0.015)	(0.054)	(0.013)	(0.115)
务农年限	0.220 **	0.029	0.067	- 0.031	0.157
	(0.111)	(0.025)	(0.091)	(0.021)	(0.160)
是否具有外出务工经历	0.324 ***	0.034 *	0.324 ***	- 0.027	0.541 ***
	(0.089)	(0.020)	(0.081)	(0.017)	(0.181)
是否为村干部	- 0.198	- 0.021	- 0.183	- 0.010	- 0.321
	(0.134)	(0.027)	(0.120)	(0.023)	(0.290)

续表

变量	农药施用量	过量施用		不足施用	
		是否过量	过量程度	是否不足	不足程度
家庭特征					
家庭人口规模	− 0. 100 （0. 090）	− 0. 039 ** （0. 019）	− 0. 006 （0. 077）	0. 011 （0. 017）	− 0. 166 （0. 145）
距离县（市、区）的距离	− 0. 049 （0. 086）	− 0. 020 （0. 015）	− 0. 003 （0. 066）	0. 047 *** （0. 014）	0. 245 * （0. 135）
家庭房产价值	− 0. 021 （0. 030）	− 0. 003 （0. 007）	− 0. 062 ** （0. 026）	0. 003 （0. 006）	0. 029 （0. 038）
样本容量	825	3 605	2 106	3 605	969

注：*、** 和 *** 分别表示在 10%、5% 和 1% 的统计水平上显著，括号内为稳健标准误。在回归时考虑了地区虚变量的影响，但是限于篇幅未列出。

表 7 – 6　　　　水稻农户病害防治中农药施用量及相关行为
决定因素的估计结果

变量	农药施用量	过量施用		不足施用	
		是否过量	过量程度	是否不足	不足程度
农药施用成本					
农药价格	− 0. 404 *** （0. 047）	− 0. 082 *** （0. 011）	− 0. 207 *** （0. 029）	0. 055 *** （0. 010）	− 0. 023 （0. 048）
信息来源（对照经销店与企业）					
个人经验	0. 047 （0. 120）	0. 017 （0. 031）	− 0. 151 （0. 098）	− 0. 024 （0. 027）	− 0. 235 （0. 166）
政府农技员	− 0. 027 （0. 124）	− 0. 058 * （0. 033）	− 0. 387 *** （0. 109）	− 0. 013 （0. 028）	− 0. 288 * （0. 157）
网络和媒体	− 0. 125 （0. 273）	0. 012 （0. 054）	− 0. 273 （0. 184）	− 0. 161 *** （0. 038）	− 1. 018 *** （0. 370）
社会资本	0. 057 （0. 210）	− 0. 062 （0. 060）	− 0. 150 （0. 170）	0. 121 ** （0. 058）	− 0. 697 *** （0. 239）

变量	农药施用量	过量施用		不足施用	
		是否过量	过量程度	是否不足	不足程度
其他	−0.282 (0.194)	0.062 (0.050)	−0.570*** (0.157)	−0.007 (0.044)	−0.208 (0.288)
农户个人特征					
性别	−0.075 (0.195)	0.156 (0.037)	−0.163 (0.144)	0.018 (0.033)	0.466** (0.228)
年龄	1.113*** (0.351)	0.203*** (0.092)	0.129 (0.334)	−0.088 (0.082)	0.278 (0.430)
教育程度	−0.029 (0.076)	−0.020 (0.020)	0.113* (0.063)	0.051*** (0.018)	0.209* (0.119)
务农年限	0.068 (0.120)	0.071** (0.030)	0.273** (0.110)	−0.016 (0.025)	−0.096 (0.120)
是否具有外出务工经历	0.071 (0.100)	0.004** (0.025)	0.200** (0.082)	0.024 (0.022)	−0.281** (0.133)
是否为村干部	0.048 (0.148)	0.059 (0.036)	−0.537*** (0.131)	−0.043 (0.030)	0.583*** (0.198)
家庭特征					
家庭人口规模	−0.114 (0.094)	−0.062** (0.024)	0.086 (0.074)	0.066*** (0.021)	−0.065 (0.132)
距离县（市、区）的距离	0.045 (0.086)	−0.013 (0.018)	0.112* (0.058)	0.007 (0.016)	0.090 (0.110)
家庭房产价值	−0.042 (0.033)	−0.019** (0.009)	−0.071** (0.026)	0.014* (0.008)	−0.099** (0.041)
样本容量	666	2 175	1 245	2 175	648

注：*、** 和 *** 分别表示在 10%、5% 和 1% 的统计水平上显著，括号内为稳健标准误。在回归时考虑了地区虚变量的影响，但是限于篇幅未列出。

表 7 - 7　　　**水稻农户草害防治中农药施用量及相关行为**

决定因素的估计结果

变量	农药施用量	过量施用		不足施用	
		是否过量	过量程度	是否不足	不足程度
农药施用成本					
农药价格	- 0. 582 *** (0. 051)	- 0. 091 *** (0. 016)	- 1. 261 *** (0. 070)	0. 085 *** (0. 016)	- 0. 519 *** (0. 099)
信息来源（对照经销店与企业）					
个人经验	- 0. 112 (0. 093)	0. 026 (0. 034)	0. 022 (0. 177)	- 0. 058 * (0. 034)	- 0. 242 (0. 158)
政府农技员	0. 036 (0. 095)	- 0. 003 (0. 037)	0. 385 * (0. 201)	- 0. 017 (0. 037)	- 0. 089 (0. 176)
信息媒体	0. 067 (0. 217)	0. 059 (0. 074)	0. 394 (0. 341)	- 0. 107 (0. 071)	- 0. 381 (0. 363)
社会资本	0. 077 (0. 215)	0. 228 *** (0. 079)	0. 040 (0. 418)	- 0. 213 *** (0. 070)	- 0. 659 (0. 518)
其他	- 0. 112 (0. 151)	0. 098 * (0. 053)	0. 285 (0. 234)	- 0. 118 ** (0. 051)	- 0. 561 * (0. 314)
农户个人特征					
性别	- 0. 166 (0. 119)	0. 060 (0. 043)	- 0. 002 (0. 229)	0. 035 (0. 046)	0. 008 (0. 216)
年龄	0. 365 (0. 260)	- 0. 028 (0. 100)	- 0. 370 (0. 519)	0. 053 (0. 104)	0. 574 (0. 476)
教育程度	- 0. 137 ** (0. 060)	- 0. 003 (0. 022)	- 0. 203 ** (0. 115)	- 0. 013 (0. 022)	- 0. 092 (0. 092)
务农年限	- 0. 164 * (0. 085)	- 0. 084 (0. 035)	- 0. 305 ** (0. 131)	0. 068 (0. 036)	- 0. 057 (0. 188)
是否具有外出务工经历	- 0. 151 * (0. 081)	- 0. 043 ** (0. 029)	0. 082 (0. 151)	0. 030 * (0. 029)	0. 014 (0. 140)
是否为村干部	- 0. 221 ** (0. 110)	- 0. 027 (0. 043)	- 0. 197 (0. 249)	0. 044 (0. 044)	0. 110 (0. 225)

变量	农药 施用量	过量施用		不足施用	
		是否过量	过量程度	是否不足	不足程度
家庭特征					
家庭人口规模	0.075 (0.078)	0.007 (0.028)	0.003 (0.161)	0.025 (0.028)	− 0.329 ** (0.131)
距离县（市、区）的距离	0.004 (0.062)	− 0.032 (0.026)	0.214 (0.147)	0.084 *** (0.026)	0.139 (0.129)
家庭房产价值	0.002 (0.031)	− 0.016 (0.011)	− 0.058 (0.065)	0.008 (0.011)	0.037 (0.042)
样本容量	1 060	1 537	626	1 537	720

注：*、** 和 *** 分别表示在 10%、5% 和 1% 的统计水平上显著，括号内为稳健标准误。在回归时考虑了地区虚变量的影响，但是限于篇幅未列出。

在虫害防治中，农药价格对单位面积农药施用量、是否过量施用农药和是否不足施用农药均有显著影响。计量结果显示，在其他因素不变的情况下，农药价格每提高 1%，农户防治虫害的单位面积农药施用量将会降低 0.534%、过量施用农药防治虫害的概率将会降低 8.3%、不足施用农药防治虫害的概率将会提高 5.8%。此外，在其他因素不变的情况下，农药价格每提高 1%，防治虫害的农药过量施用程度将会降低 0.467%（见表 7 - 5）。这个结果与表 7 - 4 的结果类似，说明农户在防治虫害过程中，农药施用量对于农药价格的变化是敏感的。

网络和媒体、社会资本提供的农药施用量信息可以显著降低过量施用农药防治虫害的概率。计量结果显示，在其他因素不变的情况下，与通过从农资经销店与企业获取农药施用量信息相比，从网络和媒体、社会资本渠道获取农药施用量信息可以使过量施用农药防治虫害的概率分别降低 12.7% 和 15.8%，同时，从网络和媒体那里获取农药施用量信息还可以使虫害防治中的农药过量施用程度降低 56.1%。此外，研究还发现，尽管个人经验和政府农技员提供的农药施用量信息不能显著降低过量施用农药防治虫害的概率，但是可以使防治虫害的农药过量施用程度分别降低 20% 和 24%（见表 7 – 5）。

与通过从农资经销店与企业获取农药施用量信息相比，所有信息来源均提高了虫害防治中农药不足施用的概率。计量结果显示，在其他因素不变的情况下，与通过从农资经销店与企业获取农药施用量信息相比，个人经验、政府农技员、网络和媒体、社会资本和其他信息来源提供的农药施用量信息将分别使不足施用农药防治虫害的概率提高 5.7%、3.7%、12.7%、19.9% 和 11.3%。这个结果表明，农资经销店与企业为了提高农药的销售量，相比其他信息来源来说并不具备不足推荐农药施用的特征，因此当与农资经销店与企业相比时，依靠其他技术信息来源可能更容易导致农药不足施用情况的出现。研究还发现，与通过从农资经销店与企业获取农药施用量信息相比，选择个人经验和社会资本获取农药施用量信息将会使防治虫害的农药不足施用程度分别提高 40.2% 和 58.9%；但是选择网络和媒体将会使防治虫害的农药不足施用程度降低 56%（见表 7 – 5）。

教育程度对农户虫害防治中是否过量施用农药和农药过量施用程度均有显著影响。计量结果显示，在其他因素不变的情况下，农户的受教育年限每提高 1%，农户过量施用农药防治病虫害的概率将会降低 3.4%，农户过量施用农药的程度将会下降 0.176%（见表 7 – 5）。这说明农户的受教育年限对虫害防治中的农药施用行为起到了显著影响，且受教育年限越长的农户在虫害防治中，其农药过量施用概率与过量施用程度也越低。

外出务工经历对农户虫害防治中单位面积农药施用量、是否过量施用农药和农药过量施用程度均有显著影响。计量结果显示，在其他因素不变的情况下，具有外出务工经历的农户比没有外出务工经历的农户在虫害防治中单位面积农药施用量将会提高 32.4%。此外，与没有外出务工经历的农户相比，具有外出务工经历的农户在虫害防治中过量施用农药的概率将会提高 3.4%，其过量施用农药程度将会提高 32.4%（见

表7-5）。这个结果说明，具有外出务工经历的农户，可能在农业生产中会增加农药的施用量来防治生产中虫害的发生，这是因为具有外出务工经历的农户可能具有更高的非农收入报酬，其投入到农业生产的时间较少，通常会通过增加杀虫剂的施用量来减少虫害发生对于粮食作物的危害。

此外，本书还发现，农户性别、务农年限、家庭人口规模、家庭距离县（市、区）的距离和家庭房产价值也对农户生产中虫害防治的单位面积农药施用量、是否过量施用农药与是否不足施用农药、农药过量施用程度与农药不足施用程度也起到了不同的影响作用。

在病害防治中，农药价格对单位面积农药施用量、是否过量施用农药和是否不足施用农药均有显著影响。计量结果显示，在其他因素不变的情况下，农药价格每提高1%，农户防治病害的单位面积农药施用量将会降低0.404%，过量施用农药防治病害的概率将会降低8.2%，不足施用农药防治病害的概率将会提高5.5%。此外，在其他因素不变的情况下，农药价格每提高1%，防治病害的农药过量施用程度将会降低0.207%（见表7-6）。这个结果与表7-4和表7-5的结果类似，说明农户在防治病害过程中，农药施用量对于农药价格的变化同样是敏感的。

政府农技员提供的农药施用量信息可以显著降低过量施用农药防治病害的概率。计量结果显示，在其他因素不变的情况下，与通过从农资经销店与企业获取农药施用量信息相比，从政府农技员渠道获取农药施用量信息可以使过量施用农药防治病害的概率降低5.8%，同时，从政府农技员那里获取农药施用量信息还可以使病害防治中的农药过量施用程度降低38.7%。研究还发现，尽管其他信息来源提供的农药施用量信息不能显著降低过量施用农药防治病害的概率，但是可以使防治病害的农药过量施用程度降低57.0%（见表7-6）。

网络和媒体、社会资本渠道提供的农药施用量技术信息对病害防治中是否不足施用农药有显著影响。计量结果显示，在其他因素不变的情

况下，与通过从农资经销店与企业获取农药施用量信息相比，从网络和
媒体渠道获取农药施用量信息可以使不足施用农药防治病害的概率降低
16.1%，同时，从网络和媒体渠道获取农药施用量信息还可以使病害防
治中的农药不足施用程度显著降低。研究还发现，在其他因素不变的情
况下，与通过从农资经销店与企业获取农药施用量信息相比，从社会资
本渠道获取农药施用量信息将会使不足施用农药防治病害的概率提高
12.1%，但是从社会资本渠道获取农药施用量信息将会使病害防治中的
农药不足施用程度降低69.7%（见表7-6）。

　　农户年龄对病害防治中单位面积农药施用量和是否过量施用农药均
有显著影响。计量结果显示，在其他因素不变的情况下，农户的年龄每
增加1%，农户防治病害的单位面积农药施用量将会提高1.113%，过
量施用农药防治病害的概率将会提高20.3%（见表7-6）。这个结果说
明，年龄越大的农户对于病害的发生风险更为敏感，导致其在农业生产
中倾向于增加农药施用量来防治病害从而保障农作物的产量。

　　此外，农户的教育程度、务农年限、是否具有外出务工经历、是否
为村干部和家庭房产价值也对农户生产中病害防治的单位面积农药施用
量、是否过量施用农药与是否不足施用农药、农药过量施用程度与农药
不足施用程度起到了不同的影响作用。

　　在草害防治中，农药价格对单位面积农药施用量、是否过量施用农
药和是否不足施用农药均有显著影响。计量结果显示，在其他因素不变
的情况下，农药价格每提高1%，农户防治草害的单位面积农药施用量
将会降低0.582%、过量施用农药防治草害的概率将会降低9.1%、不
足施用农药防治草害的概率将会提高8.5%。研究还发现，在其他因素
不变的情况下，农药价格变化对防治草害的农药过量施用程度与防治草
害的农药不足施用程度均起到了显著的影响（见表7-7），这个结果也
与表7-4的估计结果一致。

　　社会资本提供的农药施用量技术信息对是否过量施用农药防治草害
有显著影响。计量结果显示，在其他因素不变的情况下，与通过从农资

经销店与企业获取农药施用量信息相比，从社会资本渠道获取农药施用量信息将会使过量施用农药防治草害的概率提高 22.8%。研究还发现，尽管政府农技员提供的信息对是否过量施用农药防治草害没有显著影响，但是却对防治草害的农药过量施用程度有显著影响，计量结果显示，与通过从农资经销店与企业获取农药施用量信息相比，从政府农技员获取农药施用量信息将会使防治草害的过量施用农药程度提高38.5%（见表 7 - 7）。

个人经验和社会资本提供的农药施用量技术信息对是否不足施用农药防治草害有显著影响。计量结果显示，在其他因素不变的情况下，与通过从农资经销店与企业获取农药施用量信息相比，从个人经验和社会资本渠道获取农药施用量信息将会使不足施用农药防治草害的概率分别降低 5.8% 和 21.3%。此外研究还发现，与通过从农资经销店与企业获取农药施用量信息相比，从其他信息来源获取农药施用量信息将会使不足施用农药防治草害的概率降低 11.8%，而且还会使防治草害的不足施用农药程度降低 56.1%（见表 7 - 7）。

农户受教育程度和是否具有外出务工经历对农户的农药施用量行为也有显著影响。计量结果显示，在其他因素不变的情况下，农户的受教育程度每提高 1%，农户防治草害的单位面积农药施用量将会降低0.137%，尽管受教育程度不能显著影响是否过量施用农药防治草害的概率，但是农户的受教育程度每提高 1%，即使其过量施用了农药，其农药过量施用程度将会降低 0.203%。研究还发现，在草害防治中，有外出务工经历的农户比没有外出务工经历的农户的单位面积农药施用量低了 15.1%，有外出务工经历的农户比没有外出务工经历的农户的草害防治过量施用农药概率低了 4.3%，有外出务工经历的农户比没有外出务工经历的农户的草害防治不足施用农药概率高了 3.0%（见表 7 - 7）。

7.4　本　章　小　结

本章通过农药实际施用的指数当量法，研究了农户在标准推荐用量条件下，防治每一种病虫害时的农药过量施用与不足施用的现状。在此基础上通过建立两部分模型和多元线性回归模型，研究了农户水稻生产中农药施用量的决定因素。主要得到以下几点结论：

第一，在水稻病虫害防治过程中，农户农药过量施用与不足施用并存。结果发现，在农户历次防治病虫害过程中，有超过50%以上的防治存在过量施用农药现象；然而调查也发现，也有超过30%以上的防治存在农药施用不足的现象。结果还发现，农药过量与不足施用现象在防治不同类型病虫害间是存在差异的，总体来说，与防治主要病虫害相比，农户在防治草害时过量施用农药的概率较低；而在防治次要病虫害与草害时不足施用农药的概率较高。

第二，价格是影响农户农药施用量的一个重要因素。在全部病虫害类型估计模型中，或者在虫害、病害与草害估计模型中，农药价格对于农药施用量、农药过量施用与不足施用的影响是一致并且稳健的。概括而言，当农药价格较低时，农户过量施用农药的概率将会增加；当农药价格较高时，农户不足施用农药的概率将会增加。这也充分说明了价格是调整农户农药施用量有效的政策工具。

第三，农业社会化服务在不同类型虫害、病害与草害防治中，发挥着不同的作用。本章的研究表明，与通过从农资经销店与企业获取农药施用量信息相比，政府农技员提供的技术信息可以显著降低过量施用农药防治病害的概率，但对过量施用农药防治虫害和草害的概率并无显著影响；社会资本提供的技术信息显著提高了农户过量施用农药防治草害的概率，但是也显著降低了农户过量施用农药防治虫害的概率。这一结果对于未来政府制定有针对性的社会化服务体系建设的政策具有重要的价值。

第四，在农户个人及家庭特征中，农户的性别、教育程度、年龄、务农年限、外出务工经历和家庭房产价值等是影响农户水稻生产中农药过量与不足施用的关键因素。但是这些个人及家庭特征对虫害、病害和草害防治中的农药施用量影响效果又不尽相同。这也为今后针对不同类型农户开展相应的植保技术推广培训提供了借鉴与参考。

第 8 章

农户水稻生产的农药正确施用及其决定因素研究

农户的农药适量施用可以有效防治病虫害。然而，如果农户所施用的农药品种不正确，不仅不会有效减轻病虫害所造成的危害，反而会对环境及消费者健康造成负面影响。鉴于此，本章将从农户防治病虫害与施用农药品种的角度，研究目前农户在水稻生产中所施用农药的正确性。本章拟回答以下问题：农户在病虫害防治过程中，是否施用了正确的农药品种？农户在决定农药施用品种时，农药施用品种的技术信息来源都有哪些？影响农户正确施用农药的决定因素有哪些？

■ 8.1 农户正确施用农药的现状

依据第 3 章判断农户是否正确施用农药的方法，分别按照标准 I 与标准 II 研究农户水稻生产中正确施用农药的现状。根据 1 135 户农户水稻生产中对每种病虫害历次防治所施用的农药品种，对比相应农药推荐的标准防治对象，判断其在每次病虫害防治中对每种病虫害的农药施用是否正确（见表 8 - 1）。结果发现，按照标准 I 与标准 II 进行判断，农户正确施用与错误施用比例并无明显差别。为此，本章将仅以按照标准

Ⅰ所得出的正确施用与错误施用结果进行分析。标准Ⅰ和标准Ⅱ的判断结果详见附录10。

表8-1　　　水稻农户生产中不同类型病虫害防治的农药正确
与错误施用比例

病虫害种类	总防治频次	比例（%）		
		正确	错误	不清楚
1. 主要与次要病虫害				
主要病虫害	5 030	64.0	18.9	17.1
主要虫害	3 241	62.3	19.8	17.9
主要病害	1 789	67.1	17.2	15.7
次要病虫害	750	17.5	67.1	15.5
次要虫害	364	12.1	73.4	14.6
次要病害	386	22.5	61.1	16.3
草害	1 537	71.8	7.5	20.7
总计	7 317	60.9	21.4	17.7
2. 按病虫害类型				
虫害	3 605	57.2	25.2	17.6
病害	2 175	59.2	25.0	15.8
草害	1 537	71.8	7.5	20.7
总计	7 317	60.9	21.4	17.7

资料来源：2016年课题组对全国5个省18个县37个乡71个行政村1 135个施用农药且能提供病虫害防治名称农户的随机调查数据。

目前农户在水稻生产的病虫害防治中仍有相当比例的防治未能正确施用农药。调查结果表明，在1 135户农户的7 317次病虫害防治中，正确施用农药防治病虫害和错误施用农药防治病虫害的比例分别占到了全部防治次数的60.9%和21.4%，另有17.7%的防治无法界定其农药正确或者错误施用（农户无法提供所施用农药的商品名称或有效成分）

的情况（见表8-1）。从这个结果可以看出，虽然农户在多数病虫害防治中正确地施用了农药，但农户仍在超过20%的病虫害防治中所施用的农药是错误的，更有近20%的病虫害防治存在不清楚所用农药的名称与有效成分，即缺乏病虫害防治与农药施用的基本知识。

与次要病虫害相比，农户在防治主要病虫害时正确施用农药的比例更高。在5 030次主要病虫害防治中，正确施用农药的防治达到了3 219次，约占全部主要病虫害防治的64.0%；而在750次次要病虫害防治中，正确施用农药的防治仅为131次，仅占全部次要病虫害防治的17.5%（见表8-1）。从具体病虫害进行分析，农户在防治8种病虫害时，农药正确施用的比例超过了50%，这些病虫害主要包括：稻纵卷叶螟、稻飞虱、二化螟、稻瘟病、纹枯病、稻瘿蚊、稻曲病和除草（见图8-1、附录10），除了稻瘿蚊和稻曲病以外，农药正确施用的比例超过50%的病虫害主要集中在防治主要病虫害与防治草害。

与主要病虫害相比，农户在防治次要病虫害时错误施用农药的比例更高。研究发现，在5 030次主要病虫害防治中，错误施用农药的防治达到了950次，约占全部主要病虫害防治的18.9%；而在750次次要病虫害防治中，错误施用农药的防治达到了503次，约占全部主要病虫害防治的67.1%（见表8-1）。从具体病虫害进行分析，研究还发现农户在防治16种病虫害时，农药错误施用的比例超过了50%，甚至在防治蚜虫、小菜蛾、枯叶夜蛾、霜霉病、胡麻斑病、紫秆病和轮纹病等次要病虫害时的农药错误施用比例超过了90%（见图8-1、附录10）。此外，研究还发现农户在防治恶苗病、稻粒黑粉病和疫霉病时，尽管能够准确提供目标防治对象的名称，但是并不能提供所施用农药的品种等，因此不能对其正确或者错误施用农药进行下一步的判断（见附录10）。

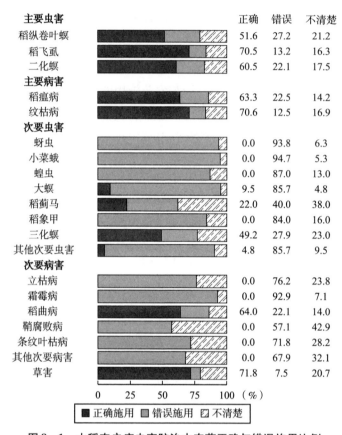

图 8 - 1　水稻农户病虫害防治中农药正确与错误施用比例

与虫害和病害相比，农户在草害防治中正确施用农药的比例最高。研究发现，农户在 1 537 次草害防治中，正确施用农药防治草害 1 103 次，占全部草害防治次数的 71.8%，其正确防治比例分别比虫害防治和病害防治中正确施用农药的比例高了 14.6 和 12.5 个百分点（见表 8 - 1）。这个结果也为后续研究农户在虫害防治、病害防治与草害防治中农药施用正确性的差异提供了现实证据。

8.2 农户农药施用品种的技术信息来源

如果农户不具备防治病虫害的知识，其对不同病虫害的防治及采用什么品种的农药进行防治需要依赖外部的技术信息来源。为此，本书在调查时也详细询问了农户的农药施用品种技术信息来源（见表 8-2）。

表 8-2 水稻农户决定农药施用品种的技术信息来源

信息来源	户数	比例（%）
个人经验	404	35.6
政府农技员	288	25.4
农资经销店与企业	342	30.1
网络和媒体	43	3.8
社会资本	39	3.4
其他	19	1.7
总计	1 135	100.0

资料来源：2016 年课题组对全国 5 个省 18 个县 37 个乡 71 个行政村 1 135 个施用农药且能提供病虫害防治名称农户的随机调查数据。

调查发现，农户在决定农药施用品种时主要依靠个人经验（35.6%）、农资经销店与企业（30.1%）和政府农技员（25.4%）。这个结果与之前研究的报道一致，农资经销店与企业成为个人经验外，农户获取农药施用品种信息最重要的信息来源[1]。类似地，以手机电脑为代表的网络和媒体或者以生产大户示范和农民合作组织为代表的社会资本信息来源并不是农户在决定农药施用品种时的主要信息渠道。通过文

---

[1] 孙生阳，胡瑞法，张超. 技术信息来源对水稻农户过量和不足施用农药行为的影响[J]. 世界农业，2021，5（8）：97-109.

献梳理发现，目前尚未有研究就不同农药施用品种的技术信息来源对农户病虫害防治的农药施用正确性影响进行实证分析。

8.3 计量模型与结果分析

8.3.1 计量模型设定

根据第 3 章研究框架的设定，本章重点研究在控制农户个人及家庭特征的基础上，不同病虫害种类及技术信息来源对农户农药施用正确性的影响，为了更好地实现这一研究目标，本章构建了如下的计量经济学模型：

$$Correct_{it} = \alpha_0 + \alpha_1 Household_i + \alpha_2 Pests_{it} + \alpha_3 Varieties_i + Province_i + \varepsilon_{it}$$

$$(8.1)$$

其中，i 和 t 分别表示第 i 个农户和该农户防治的第 t 种病虫害；被解释变量 $Correct_{it}$ 为第 i 个农户防治第 t 种病虫害时是否施用了正确的农药，如果农户在防治该病虫害时正确施用了农药，则 $Correct_{it}=1$，否则 $Correct_{it}=0$；解释变量主要包括，$Household_i$ 为第 i 个农户的个人与家庭特征情况，包括性别、年龄、受教育程度、务农年限、是否具有外出务工经历、是否为村干部、家庭人口规模和家庭距离县（市、区）的距离；$Pest_{it}$ 为第 i 个农户防治的第 t 种病虫害的类型，由一组虚变量构成，包括是否为次要病虫害和是否为草害（以是否为主要病虫害为对照组）；$Varieties_i$ 为第 i 个农户如何决定农药施用品种的技术信息来源，包括是否来自个人经验、是否来自政府农技员、是否来自网络和媒体、是否来自社会资本和是否来自其他信息来源（以是否来自农资经销店与企业为对照组）；$Province_i$ 为一组省份地区虚变量，此外，ε_{it} 为模型的随机误差项，$\alpha_1 \sim \alpha_3$ 为相应解释变量的回归系数。其中，农户的年龄、教育程度、务农年限、家庭人口规模和距离县（市、区）的距离等变量均以对数形式在模型中呈现。在第 3 章研究方法与计量模型中，本书已经说明了对于农户是否正确施用农药防治病虫害是一个典型的二元选择问题，因此使用 Probit 模型对其进行估计。类似地，本书根据上述模型，也对农户在虫害防治、病害防治与草害防治中是否正确施用农药分别进行了估计。

本书还对每个农户正确施用农药防治病虫害的比例进行了研究，构建了如下的计量经济学模型：

$$Percent_i = \beta_0 + \beta_1 Household_i + \beta_2 Pestp_i + \beta_3 Varieties_i + Province_i + \mu_i$$

$$(8.2)$$

其中，i 表示第 i 个农户；被解释变量 $Percent_i$ 为第 i 个农户正确施用农药防治病虫害占其全部防治病虫害的比例；解释变量 $Pestp_i$ 包括了第 i 个农户防治次要病虫害占全部防治病虫害的比例和防治草害占全部防治病虫害的比例；$Household_i$、$Varieties_i$ 和 $Province_i$ 与式（8.1）中的定义一样，μ_i 为模型的随机误差项，$\beta_1 \sim \beta_3$ 为相应解释变量的回归系数。由于每个农户正确施用农药防治病虫害的比例是定义在［0，100］封闭区间的变量，因此使用普通最小二乘法对式（8.2）进行回归不能得到一致的估计结果，在第 3 章研究方法与计量模型中，本书已经说明了对于此模型应采用 Tobit 模型进行估计。表 8 – 3 展示了计量模型中主要变量的描述性统计。

表 8 – 3　　　水稻农户病虫害防治中农药施用正确性行为模型的样本描述性统计

变量名称	变量定义	样本数	均值	标准差	最小值	最大值
农药施用品种技术信息来源						
个人经验	1 = 是，0 = 否	1 135	0.36	0.48	0	1
政府农技员	1 = 是，0 = 否	1 135	0.25	0.44	0	1

续表

变量名称	变量定义	样本数	均值	标准差	最小值	最大值
农资经销店与企业	1 = 是，0 = 否	1 135	0.30	0.46	0	1
网络和媒体	1 = 是，0 = 否	1 135	0.04	0.19	0	1
社会资本	1 = 是，0 = 否	1 135	0.03	0.18	0	1
其他	1 = 是，0 = 否	1 135	0.02	0.13	0	1
每户防治病虫害行为						
每户正确防治病虫害比例	%	1 135	61.93	34.91	0	100
每户次要病虫害防治占比	%	1 135	7.94	15.92	0	100
每户草害防治占比	%	1 135	36.95	33.74	0	100
病虫害防治行为						
是否正确施用农药	1 = 是，0 = 否	7 317	0.61	0.49	0	1
防治虫害行为						
是否正确施用农药	1 = 是，0 = 否	3 605	0.57	0.49	0	1
防治病害行为						
是否正确施用农药	1 = 是，0 = 否	2 175	0.59	0.49	0	1
防治草害行为						
是否正确施用农药	1 = 是，0 = 否	1 537	0.72	0.45	0	1

资料来源：2016 年课题组对全国 5 个省 18 个县 37 个乡 71 个行政村 1 135 个施用农药且能提供病虫害防治名称农户的随机调查数据。农户个人与家庭特征描述性统计已在表 6 - 3 中列出。

8.3.2　农户农药施用正确性的决定因素

表 8 - 4 中列出了农户农药施用正确性决定因素的估计结果，其中列（1）是 Probit 模型的估计结果，代表各决定因素对于防治每一种病虫害正确施用农药概率的影响；列（2）是 Tobit 模型的估计结果，代表各决定因素对于每户正确防治病虫害占全部防治病虫害比例的影响。表 8 - 4 中的估计系数均为边际效应。

表8－4　　　**水稻农户病虫害防治中农药施用正确性**
决定因素的估计结果

变量	是否正确施用	正确施用比例
信息来源（对照经销店与企业）		
个人经验	0.093 *** (0.015)	8.953 *** (2.621)
政府农技员	0.049 *** (0.016)	5.842 ** (2.717)
网络和媒体	0.077 ** (0.029)	14.682 *** (4.975)
社会资本	0.024 (0.031)	7.909 (5.740)
其他	0.012 (0.049)	6.196 (8.400)
病虫害类型		
是否为次要病虫害	－ 0.480 *** (0.016)	—
是否为草害	0.076 *** (0.015)	—
病虫害比例		
防治次要病虫害的比例	—	－ 2.639 *** (0.536)
防治草害的比例	—	0.122 *** (0.047)
农户个人特征		
性别	－ 0.012 (0.022)	0.351 (3.628)
年龄	－ 0.255 *** (0.048)	－ 16.747 ** (7.710)
教育程度	0.036 *** (0.010)	3.419 * (1.784)

变量	是否正确施用	正确施用比例
务农年限	0.028 * (0.017)	1.751 (2.395)
是否具有外出务工经历	−0.001 (0.014)	0.064 (2.325)
是否为村干部	−0.009 (0.019)	1.766 (3.318)
样本容量	7 317	1 135

注：*、** 和 *** 分别表示在10%、5%和1%的统计水平上显著，括号内为稳健标准误。在回归时考虑了地区虚拟变量及农户家庭特征的影响，但是限于篇幅未列出。

个人经验、政府农技员、网络和媒体提供的农药施用品种技术信息可以显著提高正确施用农药防治病虫害的概率。计量结果显示，在保持其他因素不变的情况下，与通过从农资经销店与企业获取农药施用品种信息相比，按照个人经验选择农药品种可以使防治每一种病虫害正确的概率提高9.3%，按照政府农技员提供的技术信息可以使防治每一种病虫害正确的概率提高4.9%，按照网络和媒体提供的技术信息可以使防治每一种病虫害正确的概率提高7.7%。类似地，在保持其他因素不变的情况下，与通过从农资经销店与企业获取农药施用品种信息相比，按照个人经验选择农药品种可以使每户正确施用农药防治病虫害的比例提高了8.953个百分点，按照农技员提供的技术信息可以使每户正确施用农药防治病虫害的比例提高5.842个百分点，按照网络和媒体提供的技术信息可以使每户正确施用农药防治病虫害的比例提高14.682个百分点（见表8-4）。这个结果说明，政府部门对农户长期推广正确施用农药技术起到了一定的作用，一部分农户通过技术培训已经掌握了相关的农药正确施用知识，同时网络和媒体能够使农户接触到更多的农药施用技术信息，农户可以通过手机电脑上网积极搜寻与农药施用的相关信息，从而提高农药的正确施用性。

　　病虫害种类对农药施用的正确性有显著影响。计量结果显示，在其他因素不变的情况下，与防治主要病虫害相比，防治次要病虫害时正确施用农药的概率将会降低 48%；同样与防治主要病虫害相比，防治草害时正确施用农药的概率将会提高 7.6%。这是因为农户在水稻生产过程中，通常更重视主要病虫害与草害的发生与防治，且当前的政府农业技术推广部门也是针对防治主要病虫害与草害开展培训，缺乏对次要病虫害相关技术知识的培训及推广。在 Tobit 模型估计中也得到了类似的结果，如果农户防治次要病虫害占全部防治病虫害的比例每增加 1%，其病虫害正确防治的比例将会下降 2.639 个百分点；如果农户防治草害占全部防治病虫害的比例每增加 1%，其病虫害正确防治的比例将会提高 0.122 个百分点（见表 8 - 4）。

　　在其余控制变量中，农户的年龄、教育程度和务农年限对病虫害防治中农药施用的正确性有显著影响。首先，农户的年龄越大，可能对于农药技术信息的接受能力越慢，因此年龄越大的农户在病虫害防治中正确施用农药的概率越低；其次，农户的受教育程度直接影响其对农药技术信息的掌握能力，受教育年限越长的农户在病虫害防治中正确施用农药的概率越高；最后，研究还发现务农年限对病虫害防治中是否正确施用农药有显著影响，即在其他因素不变的情况下，农户的务农年限每增加 1%，其防治每一种病虫害正确施用农药的概率将会提高 2.8%（见表 8 - 4）。

8.3.3　农户防治不同类型病虫害农药施用正确性的决定因素

　　表 8 - 5 列出了水稻农户虫害防治、病害防治与草害防治中农药施用正确性决定因素的 Probit 模型估计结果。其中，列（1）、列（2）和列（3）依次为是否正确施用农药防治虫害、病害和草害的估计结果，表 8 - 5 中的估计系数均为边际效应。

表 8 – 5 　　　　　水稻农户虫害、病害和草害防治中农药施用

正确性决定因素的估计结果

变量	虫害	病害	草害
信息来源（对照经销店与企业）			
个人经验	0.077 ***	0.118 ***	0.075 ***
	(0.021)	(0.029)	(0.028)
政府农技员	0.022	0.072 **	0.073 **
	(0.022)	(0.029)	(0.029)
网络和媒体	– 0.091 *	0.147 ***	0.176 ***
	(0.047)	(0.043)	(0.039)
社会资本	0.068	– 0.127 **	0.130 **
	(0.043)	(0.056)	(0.051)
其他	– 0.133 *	0.180 **	0.133
	(0.072)	(0.078)	(0.066)
农户个人特征			
性别	– 0.052	– 0.031	0.050
	(0.031)	(0.036)	(0.043)
年龄	– 0.245 ***	– 0.214 **	– 0.276 ***
	(0.069)	(0.088)	(0.090)
教育程度	0.053 ***	– 0.006	0.028
	(0.015)	(0.019)	(0.019)
务农年限	0.065 ***	– 0.032	0.024
	(0.025)	(0.029)	(0.031)
是否具有外出务工经历	0.019	0.026	– 0.040
	(0.019)	(0.024)	(0.026)
是否为村干部	0.007	0.028	– 0.055
	(0.026)	(0.034)	(0.042)
样本容量	3 605	2 175	1 537

注：*、** 和 *** 分别表示在 10%、5% 和 1% 的统计水平上显著，括号内为稳健标准误。在回归时考虑了地区虚变量及农户家庭特征的影响，但是限于篇幅未列出。

个人经验对虫害、病害与草害防治中农药施用正确性均有显著的正向影响。计量结果显示，在其他因素不变的情况下，与通过从农资经销店与企业获取农药施用品种技术信息相比，按照个人经验选择农药品种可以使防治虫害、病害和草害的农药正确施用概率分别提高 7.7%、11.8% 和 7.5%（见表 8−5）。这也再次说明，经过政府农技推广部门长期的培训，部分农户已经掌握了正确施用农药的相关技术，且施用农药知识水平得到提高，当与从农资经销店与企业获取技术信息相比时，能够更加科学正确地施用农药。

政府农技员提供的农药施用品种信息可以显著提高正确施用农药防治病害和草害的概率。计量结果显示，在其他因素不变的情况下，与通过从农资经销店与企业获取农药施用品种信息相比，政府农技员提供的农药施用品种信息可以使防治病害和草害时正确施用农药的概率分别提高 7.2% 和 7.3%，但是政府农技员提供的农药施用品种信息并不能显著提高虫害防治中正确施用农药的概率（见表 8−5）。这主要是因为与病害和草害相比，虫害的暴发情况更为复杂，农业技术推广人员并不能熟练掌握每一种虫害的发生特点及对应的农药正确施用品种，这也暴露了当前中国农业技术推广工作的薄弱环节。

网络和媒体提供的农药施用品种信息对于农药施用正确性有显著影响，但是影响方向并不一致。计量结果显示，在其他因素不变的情况下，与通过从农资经销店与企业获取农药施用品种信息相比，网络和媒体提供的农药施用品种信息可以使正确施用农药防治病害与草害的概率提高 14.7% 与 17.6%，但是却导致正确施用农药防治虫害的概率下降了 9.1%。类似地，社会资本和其他信息来源提供的农药施用品种信息对于虫害、病害和草害防治中正确施用农药的概率也起到了不同的影响作用（见表 8−5）。

农户的年龄对于农药施用正确性有显著影响。计量结果显示，在其他因素不变的情况下，农户的年龄每增加 1%，其虫害、病害和草害防治中正确施用农药的概率将会分别下降 24.5%、21.4% 和

27.6%（见表 8 – 5）。另外研究还发现，农户的务农年限对于虫害防治中的农药施用正确性有显著影响，即在其他因素不变的情况下，农户的务农年限每增加 1%，其虫害防治中正确施用农药的概率将会提高6.5%（见表 8 – 5）。

8.4　本　章　小　结

总结上述分析结果，本章研究得到以下几点结论：

第一，农户在水稻生产的病虫害防治中仍有相当比例的防治未能正确施用农药。研究发现，在农户水稻生产所防治的全部病虫害中，仅有60.9% 的防治正确施用了农药，更有超过 20% 的病虫害防治所施用的农药是错误的，还有近 20% 的病虫害防治存在无法提供所施用农药的化学名称或者有效成分的现象。虫害、病害和草害防治中农药施用正确性差异较大，其中草害防治中正确施用农药的比例最高。研究发现，在农户历次虫害、病害和草害防治中，正确施用农药防治的比例依次为57.2%、59.2% 和 71.8%。

第二，依据个人经验选择农药施用品种的农户，其水稻生产中正确施用农药防治病虫害的比例显著高于依据从农资经销店与企业获取技术信息的农户。在控制其他因素的条件下，依据个人经验选择农药施用品种的农户，其正确施用农药防治病虫害的比例比依据农资经销店与企业确定农药施用品种的农户高出不少。这一结果表明，中国政府长期以来重视对农户的病虫害防治技术培训，显著提高了农户的病虫害防治知识与技术，有效提高了农户生产中正确施用农药防治病虫害的比例。

第三，采用政府农技员、网络和媒体提供农药施用品种信息的农户，其正确施用农药防治病虫害的比例显著高于农药施用品种信息来源于农资经销店与企业的农户。在控制其他因素的条件下，与通过从农资经销店与企业获取农药施用品种信息相比，来源于政府农技员、网络和媒体提供的农药施用品种技术信息将会使农户正确施用农药防治每一种病虫害的概率分别提高 4.9% 和 7.7%，农户正确施用农药防治病虫害的比例将会分别提高 5.842 个百分点和 14.682 个百分点。

第四，在农户的个人特征中，农户年龄、教育程度与务农年限是影响农户病虫害防治中农药施用正确性的关键因素。概括而言，农户年龄越大，正确施用农药防治病虫害的概率越低；农户教育程度越高，正确施用农药防治病虫害的概率越高；农户务农年限越长，正确施用农药防治病虫害的概率越高。

第 9 章

结论与政策建议

9.1 主要研究结论

本书通过对中国 1985～2016 年粮食作物农药施用情况的研究，以及江苏、浙江、湖北、广东和贵州省水稻生产中病虫害防治的农药施用情况调查，主要得到以下几点研究结论：

（1）中国粮食作物生产中存在农药过量施用情况，但是不同作物的农药过量程度存在差异。研究表明，中国粮食作物生产中，水稻农药过量投入花费分别是玉米和小麦农药的 4.3 倍和 6.7 倍。水稻农药过量施用与其病虫害发生较为严重有关，相对于施用量来说，1985～2016 年平均每年水稻的农药实际施用量中有 39.95% 的农药投入为过量施用。

（2）中国农业技术推广体系商业化改革导致了农药施用量的增加。研究表明，较 1985～1988 年相比，在 1989～2005 年的商业化改革期间，中国水稻、玉米和小麦的单位面积农药投入费用分别增加了 26%、52% 和 78%。此外研究还发现，尽管中国自 2006 年开始了中国农业技术推广体系的去商业化改革，但是该项改革并未显著降低中国粮食作物生产中的单位面积农药投入。

（3）在水稻病虫害防治过程中，农户农药过量施用与不足施用并存。研究表明，在农户历次防治病虫害过程中，有超过 50% 的防治存在过量施用农药的现象；然而研究也发现，还有超过 30% 的防治存在农药施用不足的现象。在虫害、病害和草害的历次防治中，过量施用农药防治的比例分别为 58.4%、57.2% 和 40.7%；不足施用农药防治的比例分别为 26.9%、29.8% 和 46.8%。研究表明，在控制其他因素不变的情况下，受教育程度越高的农户过量施用农药防治病虫害的概率越低；家庭房产价值越高的农户，过量施用农药防治病虫害的概率越低。

（4）特别需要说明的是，还有相当一部分农户在面临病虫害暴发时未对其进行施用农药防治。调查表明，即使是暴发最严重的主要病虫害，在其历次暴发中未施用农药进行防治的比例也达到了 37.4%，其中主要虫害未进行防治的比例为 35.2%，主要病害未进行防治的比例为 41.0%。但是在草害历次暴发中，仅有 4.5% 的草害发生未施用农药进行防治。在控制其他因素不变的情况下，家庭房产价值越高的农户，面临病虫害发生时不施用农药进行防治的概率越高。

（5）农户在水稻生产的病虫害防治中仍有相当比例的防治未能正确施用农药。研究表明，在农户水稻生产所防治的历次病虫害中，仅有 60.9% 的防治正确施用了农药，更有超过 20% 的病虫害防治所施用的农药是错误的，还有近 20% 的病虫害防治存在无法提供所施用农药的化学名称或者有效成分的现象。农药的错误施用，不但不能有效防治水稻生产中发生的病虫害，而且还会对农户健康和生态环境产生负效应。在控制其他因素不变的情况下，年龄越大的农户，正确施用农药防治病虫害的概率越低；受教育年限越长的农户，正确施用农药防治病虫害的概率越高；务农年限越长的农户，正确施用农药防治病虫害的概率越高。

（6）农药价格对农户病虫害防治中的农药施用行为有显著影响。研究发现，中国长期以来维持较低的农药价格政策，导致了中国农户在粮食生产中农药施用量的增加。如果从农户病虫害防治中的农药施用行为进行分析，可以发现农药价格越高，农户施用农药防治病虫害的概率越低；农药价格越高，农户过量施用农药防治病虫害的概率越低；农药价格越高，农户不足施用农药防治病虫害的概率越高。

（7）农药施用技术信息来源对农户的病虫害防治行为有显著影响。研究表明，如果以农资经销店与企业提供的农药施用技术来源作为对照，政府农技员提供的农药施用技术信息能显著提高病虫害防治概率，显著降低病虫害防治中的农药过量施用概率以及显著提高病虫害防治中的农药正确施用概率。研究还发现，经过中国政府农技推广部门长期的病虫害防治技术培训，农户的病虫害防治知识与技术也得到提高，而且有效提高了农户生产中正确防治病虫害的比例。需要指出的是，当前多元化的农业社会化服务组织体系已经基本形成，研究发现，农业社会化服务在不同类型虫害、病害与草害防治中发挥着不同的作用。

9.2 主要政策建议

根据上述研究成果以及结论，本书提出以下几点政策建议，促使中国农户能够更加科学、适量和正确地施用农药：

（1）制定有效的农药减施增效政策与措施，有效改善水稻生产中农药过量施用的现状。水稻是三大粮食作物中农药过量施用最严重的作物，农药过量施用为农产品质量安全及生态环境等带来了显著的负面影响。为此，采用有效措施减少水稻生产中的农药过量施用问题已成当务之急。研究表明，中国农户在水稻生产中的农药施用量对农药的价格反应敏感，因此，制定可操作性的价格政策是降低农户农药过量施用的有效措施之一。与此同时，通过加强示范等措施，使农户有效了解过量施用农药并不能提高农药对病虫害的防治效率，从而减少农药的施用总量，改善农药过量施用的现状。

（2）深化中国政府农技推广体制改革。研究表明，与政府农技部门改革前相比，中国政府自 20 世纪 80 年代末推行的农技推广体系商业化改革显著提高了农户的农药施用量；虽然 2006 年起推行的去商业化改革对农户的农药过量施用有所减少，但并未从根本上得到改善，这可能与许多地方政府所推行的农技部门行政化改革有关。由于农技部门的行政化，减少了农技人员直接为农户提供技术服务的时间，从而使农户在过高的农药施用量条件下较难减少其农药施用总量。因此，停止一些地方政府推行的农技推广机构行政化改革，鼓励农技人员为农户提供更多的直接上门服务，已成为减少农药过量施用的重要政策措施。

（3）重建政府病虫害预测预报体系，为农户提供及时有效的病虫害发生及防治的信息服务与技术指导，使更多农户能够及时正确地防治病虫害。自农技推广体系商业化改革以来，各地政府建立的较为完善的农作物病虫害预测预报体系遭到了较大程度的破坏。虽然近十多年来，中央及各省建立了区域性的病虫害预测预报系统，但依然无法满足全国每个地区的要求，近年来区域性暴发的玉米黏虫等病虫害就与 20 世纪 80 年代所建立的遍布县乡两级的病虫害预测预报系统受到削弱有关。因此，重建政府病虫害预测预报体系，为农户提供及时有效的病虫害发生及防治的信息服务与技术指导，不仅可以有效提高农户及时防治病虫害的概率，同时，正确地为农户提供防治病虫害的具体信息，将使农户更为正确地施用农药，减少对生产影响较小的病虫害的防治，提高病虫害的防治效率。

（4）充分发挥现代网络技术的作用，建立遍布全国的病虫害防治信息服务系统，为农户提供及时有效的病虫害发生与防治技术服务。在"互联网＋"与大数据的技术背景下，加快建设各级病虫害防治信息服务系统，有机整合病虫害防治信息资源，加强病虫害数据库与农药数据库的建设，逐步实现病虫害防治信息与农药施用信息的共享和利用。

（5）建立农药标准包装体系，使农户能够在购买农药时，很容易掌握正确施用农药的信息与方法。在农药包装上，要对农药名称、剂型、毒性、有效成分及其含量、适用作物、防治对象、推荐施用剂量和施用方法等作出明确的标识，使农户即使在缺失农药施用技术指导的背景下，也能够根据农药包装提供的标准施用信息，在病虫害防治中科学、正确和适量地施用农药。

（6）鼓励统防统治等病虫害防治商业服务体系的发展。统防统治作为防治病虫害方式方法的一种创新，是通过具有一定植保专业技术条件的社会化服务组织，开展社会化、规模化和集约化的农作物病虫害防治服务。各地区可以根据当地的农业生产经营情况，开展以政府农业技术推广服务部门、专业合作社、农资经销店与企业和农业科技服务公司等为主体的多元化统防统治服务主体，鼓励统防统治的发展，提高农业生产中病虫害防治的同步性。

9.3　创新与不足

国内外学者对农业生产中农户的农药施用行为进行了充分研究，与之前的研究相比，本书存在以下创新与不足。

9.3.1　研究的新发现

（1）不同粮食作物生产中农药过量施用程度存在差异。之前的研究指出，中国农业生产中普遍存在着农药过量施用的现象，但是本书的研究发现，水稻、玉米和小麦生产中的农药过量施用程度并不一致，其中水稻生产中的农药过量施用现象最为严重，而玉米和小麦生产中农药过量施用程度较低，甚至在某些年份出现了农药不足施用的现象。

（2）农户在病虫害防治中，针对不同类型的病虫害发生采取了不同的农药施用行为。研究发现，农户并不是对所有发生的病虫害均进行农药施用防治，约有超过1/3的病虫害发生并未施用农药防治。针对农户施用农药防治的病虫害，研究发现农户在农药施用中，存在过量施用农药和不足施用农药并存的现象。

（3）从病虫害是否得到有效防治的角度看，中国农户存在普遍的农药错误施用行为。这是学术界首次基于大规模农户调查数据实证考察农药错误施用问题，发现农户在历次病虫害防治中，正确防治的病虫害比例仅为 60.9%。如果农户在农业生产中施用了错误的农药，不仅不能有效防治目标病虫害从而导致农药的不足施用，而且也可能对其他农户的农业生产造成负面影响，导致周围农户在病虫害防治中出现农药的过量施用。

（4）农户的病虫害防治知识与技术已经得到提高。经过中国政府长期以来对农户的病虫害防治技术指导与培训，农户的病虫害防治知识与技术有所提高。研究发现，在保持其他因素不变的情况下，与通过从农资经销店与企业获取农药施用品种信息相比，依据个人经验选择农药品种可以使水稻生产中正确施用农药防治每一种病虫害的概率提高 9.3%。

9.3.2　研究方法创新

以往较多研究基于经济学原理，认为当边际收益等于边际成本时，利润最大，其农药投入量便为最佳投入量，如果农药的实际投入量大于最佳投入量，则农药为过量施用。然而在实际农业生产中，农户所面对的是多种病虫害的暴发与防治，如果农户不防治其中一种主要病虫害，就有可能导致其作物产量大幅度地降低。因此，采用边际收益与边际成本相等理论来定义农户是否过量施用农药，无法解决某一次病虫害防治所施用的农药对产量的影响问题。

鉴于此，本书从病虫害防治的农药施用技术角度出发，通过构建指数当量法，判断农户在每种病虫害防治中是否过量、是否不足和是否适量施用了农药。在此基础上，本书还从农药投入的有效性角度出发，创新性地从技术层面分析了农户在历次病虫害防治中，是否施用了正确的农药品种对目标病虫害进行防治。

9.3.3 研究的不足

本书的研究范围为病虫害防治中的农药施用行为，以农户防治的目标病虫害为研究对象，判断农户在水稻生产中是否存在过量施用农药与不足施用农药、是否存在正确施用农药与错误施用农药等现象。但是，由于技术条件的限制，本书无法捕捉到每一种病虫害发生对农作物产量的影响，进而无法判断农药过量施用与不足施用、正确施用与错误施用条件下农药投入对水稻产量的影响。

未来在条件满足的情况下，课题组将基于病虫害防治技术的角度对风险控制生产函数作出进一步的改进，将病虫害发生种类与对应的农药施用行为纳入改进后的风险控制生产函数当中，针对不同类型病虫害防治中的农药过量施用与不足施用、正确施用与错误施用对农作物产量的影响进行更深入和更全面的研究和讨论。

附　录

附录 1　水稻农户基本调查表

身份	性别 (1 = 男; 0 = 女)	出生 年份	受教育年限 (年)	是否村干部? (1 = 是; 0 = 否)	是否党员? (1 = 是; 0 = 否)	2015 年 50% 以上 时间从事的工作 (1 = 务农; 2 = 务工; 3 = 经商; 4 = 其他)	2015 年非农工作情况		
							净月数	月收入 (元)	总收入 (元)
户主									
被调查人									

附录 2　水稻农户家庭主要劳动力的农业生产经验

劳动力编码	性别（1=男；0=女）	出生年份	受教育年限（年）	开始不上学年龄（岁）	正式参加劳动年龄（岁）	参加劳动到现在多少年？	具体分配				
							务农		全职非农		完全不劳动
							完全务农	务农但兼非农	外县（市、区）	本县（市、区）	
被调查人（　）											

注：劳动力与户主关系编码：1=户主本人；2=配偶；3=父；4=母；111=长子；110=长媳；121=次子；120=次媳；131=三子；130=三媳；……211=长女；210=长女婿；220=次女；221=次女婿；231=三女；230=三女婿；99=其他。

附录3　水稻农户的农药施用技术信息来源

（1）您的农药施用技术信息来源为：

1＝自己经验；2＝父母传授；3＝亲戚邻居；4＝生产大户；5＝政府农技员；6＝农药销售店；7＝农药生产企业；8＝手机上网；9＝电脑网络；10＝广播电视；11＝农民组织；12＝其他。

（2）您是如何决定什么时间施用农药的？_____

1＝根据自己经验来决定；2＝根据父母传授经验来决定；3＝参考亲戚邻居来决定；4＝参考生产大户来决定；5＝政府农技员推荐；6＝农药销售店推荐；7＝农药生产企业推荐；8＝通过手机上网查询；9＝通过电脑网络查询；10＝广播电视推荐；11＝农民组织推荐；12＝根据病虫害发生情况决定；13＝其他。

（3）您决定施药时间的时候，需要考虑自己是否有空闲吗？_____

1＝考虑；0＝不考虑。

（4）您是如何决定所施用农药品种的？_____

1＝根据自己经验来决定；2＝根据父母传授经验来决定；3＝参考亲戚邻居来决定；4＝参考生产大户来决定；5＝政府农技员推荐；6＝农药销售店推荐；7＝农药生产企业推荐；8＝通过手机上网查询；9＝通过电脑网络查询；10＝广播电视推荐；11＝农民组织推荐；12＝根据农药说明书决定；13＝其他。

（5）您是如何决定农药施用量的？_____

1＝根据自己经验来决定；2＝根据父母传授经验来决定；3＝参考亲戚邻居来决定；4＝参考生产大户来

决定；5 = 政府农技员推荐；6 = 农药销售店推荐；7 = 农药生产企业推荐；8 = 通过手机上网查询；9 = 通过电脑网络查询；10 = 广播电视推荐；11 = 农民组织推荐；12 = 根据农药说明书决定；13 = 其他。_____

（6）如果根据施药技术信息来源的推荐未决定农药施用量，自己是否合作调整？

1 = 增加；2 = 减少；3 = 不作调整。

（7）如果自己作调整，调整的比例是多少？_____%

附录 4　过去一年您种植作物的杀虫剂和杀菌剂施用情况

作物：_____；种植总面积：_____亩；最大块面积：_____亩；地块名称：_____ （仅调查最大的地块；水稻需注明早、中、晚稻）。

次数	施药者（多选）	日期	施药方式	自投工（小时）	自投机械费用（元）	帮工（小时）	雇工（小时）	雇工费用（元）	化学名称	防治对象	有效成分（%）	用量（克）	价格（元/500克）	化学名称	防治对象	有效成分（%）	用量（克）	价格（元/500克）
									杀虫剂和杀菌剂					杀虫剂和杀菌剂				
1																		
2																		

附录5　过去一年您种植作物的除草剂施用情况

作物一：_____；种植总面积：_____亩；最大块面积：_____亩；地块名称：_____ （仅调查最大的地块；水稻需注明早、中、晚稻）

次数	施药者（多选）	日期	施药方式	自投工（小时）	自投机械费用（元）	帮工（小时）	雇工（小时）	雇工费用（元）	第一种除草剂				第二种除草剂				第三种除草剂			
									化学名称	有效成分（%）	用量（克）	单价（元/500克）	化学名称	有效成分（%）	用量（克）	单价（元/500克）	化学名称	有效成分（%）	用量（克）	单价（元/500克）
1																				
2																				

施药者代码：1＝自家人；2＝他人帮工；3＝雇佣其他农民；4＝销售店；5＝专业户；6＝专业合作社；7＝专业服务公司；8＝其他。
施药方式代码：1＝手工；2＝手动背负式喷雾器；3＝大型施药机器；4＝有人驾驶飞机；5＝无人飞机；6＝其他。

附录6 中国水稻、玉米和小麦生产中农药的实际投入、最优投入和过量投入

年份	水稻（元/公顷）			玉米（元/公顷）			小麦（元/公顷）		
	投入	最优	过量	投入	最优	过量	投入	最优	过量
1985	41.83	45.15	-3.32	2.88	3.46	-0.57	6.46	7.75	-1.29
1986	44.63	25.12	19.50	4.76	5.73	-0.97	8.13	4.79	3.34
1987	51.25	25.54	25.70	4.90	4.17	0.73	8.79	7.69	1.10
1988	49.05	30.43	18.62	4.08	3.50	0.58	8.04	6.77	1.27
1989	46.56	33.04	13.52	4.47	4.28	0.18	8.55	11.34	-2.79
1990	46.07	28.36	17.71	5.38	4.80	0.58	10.98	9.53	1.46
1991	51.78	32.60	19.19	4.95	3.00	1.95	14.80	14.03	0.77
1992	48.09	33.52	14.56	6.63	2.78	3.84	13.48	10.90	2.58
1993	51.53	39.24	12.29	7.98	2.36	5.62	15.17	10.39	4.79
1994	62.33	39.32	23.01	9.38	3.81	5.58	16.02	12.88	3.14
1995	66.83	37.45	29.37	9.65	3.49	6.15	17.82	16.97	0.85
1996	70.05	27.57	42.48	14.75	2.25	12.50	20.39	17.50	2.89
1997	75.46	1.73	73.73	16.89	8.24	8.65	20.66	0.79	19.88
1998	73.79	5.59	68.20	16.87	0.51	16.35	22.68	15.42	7.26
1999	81.20	16.56	64.64	17.80	5.50	12.30	25.56	15.62	9.94

续表

年份	水稻（元/公顷）			玉米（元/公顷）			小麦（元/公顷）		
	投入	最优	过量	投入	最优	过量	投入	最优	过量
2000	81.70	44.69	37.00	18.18	6.18	12.01	24.16	25.73	-1.57
2001	83.33	73.04	10.28	19.03	10.34	8.69	24.54	20.01	4.54
2002	86.37	76.88	9.49	22.86	9.19	13.66	29.16	23.41	5.74
2003	95.00	73.33	21.67	23.83	10.32	13.51	29.52	27.24	2.28
2004	112.41	59.47	52.95	25.03	14.16	10.86	31.59	21.20	10.39
2005	130.63	69.67	60.95	28.79	11.66	17.13	35.39	22.68	12.71
2006	154.97	96.21	58.76	29.37	13.42	15.94	36.67	20.11	16.55
2007	176.56	96.13	80.43	33.29	14.14	19.15	40.19	26.61	13.58
2008	181.02	90.57	90.45	39.59	17.16	22.43	40.72	27.50	13.22
2009	178.51	100.41	78.10	40.72	23.78	16.94	44.24	29.72	14.51
2010	193.96	107.78	86.18	45.84	33.48	12.37	49.90	42.44	7.47
2011	198.25	110.69	87.56	50.57	38.65	11.92	51.06	39.44	11.62
2012	208.98	135.81	73.17	55.58	40.88	14.71	58.27	47.37	10.90
2013	212.41	143.11	69.30	57.02	29.22	27.80	58.07	57.77	0.30
2014	213.76	157.32	56.44	59.49	45.31	14.18	60.77	53.71	7.06
2015	234.55	153.28	81.27	64.67	46.22	18.45	65.49	51.80	13.69
2016	233.29	174.12	59.17	64.29	46.70	17.59	69.83	51.88	17.96

附录 7 水稻生产中的病虫害分类及农户防治频次

主要虫害	防治频次（次）	比例（%）
稻纵卷叶螟	805	8.6
稻飞虱	1 290	13.7
二化螟	1 146	12.2
主要病害		
稻瘟病	845	9.0
纹枯病	944	10.1
次要虫害		
蚜虫	144	1.5
小菜蛾	19	0.2
蝗虫	23	0.2
大螟	21	0.2
稻蓟马	50	0.5
稻象甲	25	0.3

续表

	防治频次（次）	比例（%）
三化螟	61	0.6
稻瘿蚊	2	0.0
叶蝉	7	0.1
枯叶夜蛾	5	0.1
蚜虫	7	0.1
次要病害		
立枯病	21	0.2
霜霉病	141	1.5
稻曲病	136	1.4
鞘腐败病	21	0.2
条纹叶枯病	39	0.4
赤枯病	7	0.1
胡麻斑病	2	0.0
恶苗病	3	0.0
稻粒黑粉病	1	0.0
疫霉病	1	0.0

续表

	防治频次（次）	比例（%）
紫秆病	2	0.0
轮纹病	3	0.0
烂秧病	9	0.1
除草	1 537	16.4
未确定病虫害	2 076	22.1
总计	9 393	100.0

附录 8　水稻农户生产中不同类型病虫害发生、防治及未防治频次和比例

	发生频次（次）			比例（%）		
	未防治	防治	总计	未防治	防治	总计
主要虫害						
稻纵卷叶螟	735	805	1 540	47.7	52.3	100.0
稻飞虱	486	1 290	1 776	27.4	72.6	100.0
二化螟	540	1 146	1 686	32.0	68.0	100.0

续表

主要病害	发生频次（次）			比例（%）		
	未防治	防治	总计	未防治	防治	总计
稻瘟病	698	845	1 543	45.2	54.8	100.0
纹枯病	545	944	1 489	36.6	63.4	100.0
次要虫害						
蚜虫	551	144	695	79.3	20.7	100.0
小菜蛾	136	19	155	87.7	12.3	100.0
蝗虫	191	23	214	89.3	10.7	100.0
大螟	189	21	210	90.0	10.0	100.0
稻蓟马	356	50	406	87.7	12.3	100.0
稻象甲	245	25	270	90.7	9.3	100.0
三化螟	381	61	442	86.2	13.8	100.0
稻瘿蚊	38	2	40	95.0	5.0	100.0
叶蝉	92	7	99	92.9	7.1	100.0
枯叶夜蛾	50	5	55	90.9	9.1	100.0
蚂蟥	72	7	79	91.1	8.9	100.0

续表

次要病害	发生频次（次）			比例（%）		
	未防治	防治	总计	未防治	防治	总计
立枯病	86	21	107	80.4	19.6	100.0
霜霉病	426	141	567	75.1	24.9	100.0
稻曲病	528	136	664	79.5	20.5	100.0
鞘腐败病	114	21	135	84.4	15.6	100.0
条纹叶枯病	247	39	286	86.4	13.6	100.0
赤枯病	107	7	114	93.9	6.1	100.0
胡麻斑病	19	2	21	90.5	9.5	100.0
恶苗病	60	3	63	95.2	4.8	100.0
稻粒黑粉病	20	1	21	95.2	4.8	100.0
疫霉病	20	1	21	95.2	4.8	100.0
紫秆病	24	2	26	92.3	7.7	100.0
轮纹病	19	3	22	86.4	13.6	100.0
烂秧病	91	9	100	91.0	9.0	100.0
除草	73	1 537	1 610	4.5	95.5	100.0
总计	7 139	7 317	14 456	49.4	50.6	100.0

附录9　水稻农户病虫害防治中农药过量、适量和不足施用频次及比例

	防治频次（次）	频次比例（%）			平均值（毫升/公顷）		
		过量	适量	不足	过量	适量	不足
主要虫害							
稻纵卷叶螟	805	55.2	15.9	28.9	805.6	257.8	1 134.6
稻飞虱	1 290	62.9	13.6	23.4	569.5	134.5	249.6
二化螟	1 146	55.1	15.7	29.2	728.9	235.9	651.9
主要病害							
稻瘟病	845	54.9	10.9	34.2	684.9	295.5	214.8
纹枯病	944	61.8	15.5	22.8	533.5	134.1	134.5
次要虫害							
蚜虫	144	76.4	7.6	16.0	295.7	82.6	109.1
小菜蛾	19	42.1	21.1	36.8	596.2	15.0	165.2
蝗虫	23	34.8	13.0	52.2	775.5	35.8	889.7
大螟	21	52.4	33.3	14.3	152.6	23.8	631.2
稻蓟马	50	62.0	10.0	28.0	297.9	102.1	801.2

续表

	防治频次（次）	频次比例（%）			平均值（毫升/公顷）		
		过量	适量	不足	过量	适量	不足
稻象甲	25	52.0	8.0	40.0	1 280.0	375.0	550.3
三化螟	61	45.9	18.0	36.1	496.9	176.5	340.4
稻瘿蚊	2	50.0	0	50.0	172.5	0	59.3
叶蝉	7	14.3	28.6	57.1	63.0	75.0	174.6
枯叶夜蛾	5	60.0	20.0	20.0	522.4	10.0	187.5
蚂蟥	7	71.4	0	28.6	66.5	0	600.2
次要病害							
立枯病	21	61.9	23.8	14.3	1 444.4	378.0	1 147.1
霜霉病	141	53.9	2.1	44.0	429.6	150.0	89.8
稻曲病	136	46.3	17.6	36.0	206.4	155.8	80.6
鞘腐败病	21	81.0	9.5	9.5	267.6	450.0	162.8
条纹叶枯病	39	33.3	15.4	51.3	378.8	280.9	174.3
赤枯病	7	85.7	0	14.3	416.3	0	59.3
胡麻斑病	2	0	100.0	0	0	166.7	0
恶苗病	3	66.7	0	33.3	143.9	0	117.0

续表

	防治频次（次）	频次比例（%）			平均值（毫升/公顷）		
		过量	适量	不足	过量	适量	不足
稻粒黑粉病	1	0	0	100.0	0	0	89.2
疫霉病	1	0	100.0	0	0	153.8	0
紫秆病	2	100.0	0	0	457.0	0	0
轮纹病	3	100.0	0	0	132.0	0	0
烂秧病	9	33.3	11.1	55.6	498.7	138.5	1 606.9
除草	1 537	40.7	12.4	46.8	1 432.0	569.5	612.5
总计	7 317	54.4	13.7	31.9	747.3	267.8	495.4

附录 10　水稻农户病虫害防治中农药正确、错误和不清楚施用频次及比例

	防治频次（次）				比例（%）			
	正确	错误	不清楚	总计	正确	错误	不清楚	总计
1. 标准 I								
主要虫害								
稻纵卷叶螟	415	219	171	805	51.6	27.2	21.2	100.0
稻飞虱	910	170	210	1 290	70.5	13.2	16.3	100.0

续表

	防治频次（次）				比例（%）			
	正确	错误	不清楚	总计	正确	错误	不清楚	总计
二化螟	693	253	200	1 146	60.5	22.1	17.5	100.0
主要病害								
稻瘟病	535	190	120	845	63.3	22.5	14.2	100.0
纹枯病	666	118	160	944	70.6	12.5	16.9	100.0
次要虫害								
蚜虫	0	135	9	144	0	93.8	6.3	100.0
小菜蛾	0	18	1	19	0	94.7	5.3	100.0
蝗虫	0	20	3	23	0	87.0	13.0	100.0
大螟	2	18	1	21	9.5	85.7	4.8	100.0
稻蓟马	11	20	19	50	22.0	40.0	38.0	100.0
稻象甲	0	21	4	25	0.0	84.0	16.0	100.0
三化螟	30	17	14	61	49.2	27.9	23.0	100.0
稻瘿蚊	1	1	0	2	50.0	50.0	0	100.0
叶螨	0	6	1	7	0.0	85.7	14.3	100.0
枯叶夜蛾	0	5	0	5	0.0	100.0	0.0	100.0
蚂蟥	0	6	1	7	0.0	85.7	14.3	100.0

续表

次要病害	防治频次（次）				比例（%）			
	正确	错误	不清楚	总计	正确	错误	不清楚	总计
立枯病	0	16	5	21	0	76.2	23.8	100.0
霜霉病	0	131	10	141	0	92.9	7.1	100.0
稻曲病	87	30	19	136	64.0	22.1	14.0	100.0
鞘腐败病	0	12	9	21	0	57.1	42.9	100.0
条纹叶枯病	0	28	11	39	0	71.8	28.2	100.0
赤枯病	0	4	3	7	0	57.1	42.9	100.0
胡麻斑病	0	2	0	2	0	100.0	0	100.0
恶苗病	0	0	3	3	0	0	100.0	100.0
稻粒黑粉病	0	0	1	1	0	0	100.0	100.0
疫霉病	0	0	1	1	0	0	100.0	100.0
紫秆病	0	2	0	2	0	100.0	0	100.0
轮纹病	0	3	0	3	0	100.0	0	100.0
烂秧病	0	8	1	9	0	88.9	11.1	100.0
除草	1 103	116	318	1 537	71.8	7.5	20.7	100.0
总计	4 453	1 569	1 295	7 317	60.9	21.4	17.7	100.0

续表

	防治频次（次）				比例（%）			
	正确	错误	不清楚	总计	正确	错误	不清楚	总计
2. 标准Ⅱ								
主要虫害								
稻纵卷叶螟	378	257	170	805	47.0	31.9	21.1	100.0
稻飞虱	867	211	212	1 290	67.2	16.4	16.4	100.0
二化螟	624	304	218	1 146	54.5	26.5	19.0	100.0
主要病害								
稻瘟病	487	239	119	845	57.6	28.3	14.1	100.0
纹枯病	642	138	164	944	68.0	14.6	17.4	100.0
次要虫害								
蚜虫	0	135	9	144	0	93.8	6.3	100.0
小菜蛾	0	18	1	19	0	94.7	5.3	100.0
蝗虫	0	20	3	23	0	87.0	13.0	100.0
大螟	2	18	1	21	9.5	85.7	4.8	100.0
稻蓟马	11	20	19	50	22.0	40.0	38.0	100.0
稻象甲	0	21	4	25	0.0	84.0	16.0	100.0
三化螟	28	19	14	61	45.9	31.1	23.0	100.0

续表

	防治频次（次）				比例（%）			
	正确	错误	不清楚	总计	正确	错误	不清楚	总计
稻缨蚊	1	1	0	2	50.0	50.0	0	100.0
叶蝉	0	6	1	7	0	85.7	14.3	100.0
枯叶夜蛾	0	5	0	5	0	100.0	0.0	100.0
蚜虫	0	6	1	7	0	85.7	14.3	100.0
次要病害								
立枯病	0	16	5	21	0	76.2	23.8	100.0
霜霉病	0	131	10	141	0	92.9	7.1	100.0
稻曲病	83	34	19	136	61.0	25.0	14.0	100.0
鞘腐病	0	12	9	21	0	57.1	42.9	100.0
条纹叶枯病	0	29	10	39	0	74.4	25.6	100.0
赤枯病	0	4	3	7	0	57.1	42.9	100.0
胡麻斑病	0	2	0	2	0	100.0	0.0	100.0
恶苗病	0	0	3	3	0	0.0	100.0	100.0
稻粒黑粉病	0	0	1	1	0	0.0	100.0	100.0
疫霉病	0	0	1	1	0	0.0	100.0	100.0
紫秆病	0	2	0	2	0	100.0	0.0	100.0

续表

	防治频次（次）				比例（%）			
	正确	错误	不清楚	总计	正确	错误	不清楚	总计
轮纹病	0	3	0	3	0	100.0	0	100.0
烂秧病	0	8	1	9	0	88.9	11.1	100.0
除草	1 017	178	342	1 537	66.2	11.6	22.3	100.0
总计	4 140	1 837	1 340	7 317	56.6	25.1	18.3	100.0

参 考 文 献

[1] 钟甫宁. 正确认识粮食安全和农业劳动力成本问题 [J]. 农业经济问题, 2016, 37 (1): 4-9.

[2] 马九杰, 张象枢, 顾海兵. 粮食安全衡量及预警指标体系研究 [J]. 管理世界, 2001 (1): 154-162.

[3] Pan D. The Impact of Agricultural Extension on Farmer Nutrient Management Behavior in Chinese Rice Production: A Household - Level Analysis [J]. *Sustainability*, 2014, 6 (10): 6644-6665.

[4] 谢莲碧, 黄雯. 建国以来粮食安全思想内涵的演变: 从封闭到开放 [J]. 社会科学研究, 2012 (5): 142-147.

[5] 周洲, 石奇. 目标多重、内在矛盾与变革循环——基于中国粮食政策演进历程分析 [J]. 农村经济, 2017 (6): 11-18.

[6] 杨明智, 裴源生, 李旭东. 中国粮食自给率研究——粮食、谷物和口粮自给率分析 [J]. 自然资源学报, 2019, 34 (4): 881-889.

[7] 甄霖, 王超, 成升魁. 1953~2016 年中国粮食补贴政策分析 [J]. 自然资源学报, 2017, 32 (6): 904-914.

[8] 钱煜昊, 曹宝明, 武舜臣. 中国粮食购销体制演变历程分析 (1949~2019) ——基于制度变迁中的主体权责转移视角 [J]. 中国农村观察, 2019 (4): 2-17.

[9] 黄季焜. 四十年中国农业发展改革和未来政策选择 [J]. 农业技术经济, 2018 (3): 4-15.

[10] Huang J., Qiao F., Zhang L., et al. Farm Pesticides, Rice

production，and Human Health in China ［R］. Singapore：Economy and En-vironment Program for Southeast Asia（EEPSEA），2001.

［11］Rola A. C.，Pingali P. L. Pesticides，Rice Productivity，and Farmers' Health：An Economic Assessment ［R］. Manila，Philippines：International Rice Research Institute，1993.

［12］刘万才，刘振东，黄冲，等. 近10年农作物主要病虫害发生危害情况的统计和分析 ［J］. 植物保护，2016，42（5）：1 - 9.

［13］Huang J.，Yang G. Understanding Recent Challenges and New Food Policy in China ［J］. *Global Food Security*，2017，12：119 - 126.

［14］联合国粮农组织. 粮农组织统计数据 ［EB/OL］.［2019 - 11 - 05］，http：//www. fao. org/statistics/zh/.

［15］程式华. 不断提高水稻增产技术的适用性 ［J］. 求是，2010（19）：31 - 32.

［16］郭金花，刘晓洁，吴良，等. 我国稻谷供给与消费平衡的时空格局 ［J］. 自然资源学报，2018，33（6）：954 - 964.

［17］Chen R.，Huang J.，Qiao F. Farmers' Knowledge on Pest Management and Pesticide Use in Bt Cotton Production in China ［J］. *China Economic Review*，2013，27：15 - 24.

［18］Wang J.，Chu M.，Ma Y. Measuring Rice Farmer's Pesticide Overuse Practice and the Determinants：A Statistical Analysis Based on Data Collected in Jiangsu and Anhui Provinces of China ［J］. *Sustainability*，2018，10（3）：677.

［19］王律先. 我国农药工业概况及发展趋势 ［J］. 农药，1999（10）：1 - 8.

［20］薛振祥，秦友山. 中国农药工业50年发展回顾（上）［J］. 江苏化工，2000（5）：5 - 7.

［21］焦玉波. 谈谈几种主要农业生产资料的价格情况 ［J］. 经济研究，1959（3）：31 - 32.

［22］胡瑞法，程家安，董守珍，等.妇女在农业生产中的决策行为及作用［J］.农业经济问题，1998（3）：52-54.

［23］黄季焜，胡瑞法，智华勇.基层农业技术推广体系30年发展与改革：政策评估和建议［J］.农业技术经济，2009（1）：4-11.

［24］胡瑞法，黄季焜，李立秋.中国农技推广：现状、问题及解决对策［J］.管理世界，2004（5）：50-57.

［25］Zhang C. , Shi G. , Shen J. , et al. Productivity Effect and Overuse of Pesticide in Crop Production in China［J］. *Journal of Integrative Agriculture*, 2015, 14（9）：1903-1910.

［26］Zhang C. , Hu R. , Shi G. , et al. Overuse or Underuse? An Observation of Pesticide Use in China［J］. *Science of The Total Environment*, 2015, 538：1-6.

［27］Damalas C. A. Understanding Benefits and Risks of Pesticide Use［J］. *Scientific Research and Essays*, 2009, 4（10）：945-949.

［28］Zhang C. , Hu R. , Huang J. , et al. Health Effect of Agricultural Pesticide Use in China：Implications for the Development of GM Crops［J］. *Scientific Reports*, 2016, 6：34918.

［29］Zhang C. , Sun Y. , Hu R. , et al. A Comparison of the Effects of Agricultural Pesticide Uses on Peripheral Nerve Conduction in China［J］. *Scientific Reports*, 2018, 8：9621.

［30］张超.我国农民的农药施用行为及其健康影响与干预效果研究［D］.北京：北京理工大学，2016.

［31］Brethour C. , Weersink A. An Economic Evaluation of the Environmental Benefits from Pesticide Reduction［J］. *Agricultural Economics*, 2001, 25（2-3）：219-226.

［32］Pimentel D. , Acquay H. , Biltonen M. , et al. Environmental and Economic Costs of Pesticide Use［J］. *BioScience*, 1992, 42（10）：750-760.

［33］Cooper J., Dobson H. The Benefits of Pesticides to Mankind and the Environment ［J］. *Crop Protection*, 2007, 26 (9): 1337 – 1348.

［34］Sun S., Hu R., Zhang C., et al. Do Farmers Misuse Pesticides in Crop Production in China? Evidence from a Farm Household Survey ［J］. *Pest Management Science*, 2019, 75 (8): 2133 – 2141.

［35］曹建民，胡瑞法，黄季焜. 技术推广与农民对新技术的修正采用：农民参与技术培训和采用新技术的意愿及其影响因素分析 ［J］. 中国软科学，2005 (6): 60 – 66.

［36］孙生阳，孙艺夺，胡瑞法，等. 中国农技推广体系的现状、问题及政策研究 ［J］. 中国软科学，2018 (6): 25 – 34.

［37］Yang P., Liu W., Shan X., et al. Effects of Training on Acquisition of Pest Management Knowledge and Skills by Small Vegetable Farmers ［J］. *Crop Protection*, 2008, 27 (12): 1504 – 1510.

［38］Jin S., Bluemling B., Mol A. P. J. Information, Trust and Pesticide Overuse: Interactions between Retailers and Cotton Farmers in China ［J］. *NJAS – Wageningen Journal of Life Sciences*, 2015, 72 – 73: 23 – 32.

［39］Yang X., Wang F., Meng L., et al. Farmer and Retailer Knowledge and Awareness of the Risks from Pesticide Use: A Case Study in the Wei River Catchment, China ［J］. *Science of The Total Environment*, 2014, 497 – 498: 172 – 179.

［40］胡瑞法，孙艺夺. 农业技术推广体系的困境摆脱与策应 ［J］. 改革，2018 (2): 89 – 99.

［41］Sexton S. E., Lei Z, Zilberman D. The Economics of Pesticides and Pest Control ［J］. *International Review of Environmental and Resource Economics*, 2007, 1 (3): 271 – 326.

［42］Ghimire N., Woodward R. T. Under-and Over-use of Pesticides: An International Analysis ［J］. *Ecological Economics*, 2013, 89: 73 – 81.

［43］程家安，祝增荣. 中国水稻病虫草害治理 60 年：问题与对策

［J］. 植物保护学报，2017，44（6）：885－895.

［44］朱淀，孔霞，顾建平. 农户过量施用农药的非理性均衡：来自中国苏南地区农户的证据［J］. 中国农村经济，2014（8）：17－29.

［45］蔡书凯，李靖. 水稻农药施用强度及其影响因素研究——基于粮食主产区农户调研数据［J］. 中国农业科学，2011，44（11）：2403－2410.

［46］姜健，周静，孙若愚. 菜农过量施用农药行为分析——以辽宁省蔬菜种植户为例［J］. 农业技术经济，2017（11）：16－25.

［47］Rahman S.，Chima C. D. Determinants of Pesticide Use in Food Crop Production in Southeastern Nigeria［J］. *Agriculture*，2018，8（3）：35.

［48］Huang J.，Zhou K.，Zhang W.，et al. Uncovering the Economic value of Natural Enemies and True Costs of Chemical Insecticides to Cotton Farmers in China［J］. *Environmental Research Letters*，2018，13：064027.

［49］Liu E. M.，Huang J. Risk Preferences and Pesticide Use by Cotton Farmers in China［J］. *Journal of Development Economics*，2013，103：202－215.

［50］Hu R.，Yang Z.，Kelly P.，et al. Agricultural Extension System Reform and Agent Time Allocation in China［J］. *China Economic Review*，2009，20（2）：303－315.

［51］Babu S. C.，Huang J.，Venkatesh P.，et al. A Comparative Analysis of Agricultural Research and Extension Reforms in China and India［J］. *China Agricultural Economic Review*，2015，7（4）：541－572.

［52］厉淑华. 农用生产资料价格补贴问题及其对策［J］. 科技导报，1994（12）：37－39.

［53］潘丹，杨佳莹，钟海燕，等. 中国主要粮食作物农药过量使用程度的时空分析［J］. 经济研究参考，2018（33）：16－23.

［54］蔡荣，韩洪云. 农民专业合作社对农户农药施用的影响及作用机制分析——基于山东省苹果种植户的调查数据［J］. 中国农业大学

学报，2012，17（5）：196 – 202.

　　[55] 黄祖辉，钟颖琦，王晓莉. 不同政策对农户农药施用行为的影响 [J]. 中国人口·资源与环境，2016，26（8）：148 – 155.

　　[56] 张超，孙艺夺，孙生阳，等. 城乡收入差距是否提高了农业化学品投入？——以农药施用为例 [J]. 中国农村经济，2019（1）：96 – 111.

　　[57] 金书秦，张惠. 化肥、农药零增长行动实施状况评估 [J]. 中国发展观察，2017（13）：35 – 39.

　　[58] Huang J., Wang S., Xiao Z. Rising Herbicide Use and Its Driving Forces in China [J]. *The European Journal of Development Research*, 2017，29（3）：614 – 627.

　　[59] 左两军，牛刚，何鸿雁. 种植业农户农药信息获取渠道分析及启示——基于广东蔬菜种植户的抽样调查 [J]. 调研世界，2013（8）：41 – 44.

　　[60] 周峰，徐翔. 无公害蔬菜生产者农药使用行为研究——以南京为例 [J]. 经济问题，2008（1）：94 – 96.

　　[61] Qiao F. Fifteen Years of Bt Cotton in China：The Economic Impact and Its Dynamics [J]. *World Development*，2015，70：177 – 185.

　　[62] Pimentel D., Pimentel M. H. *Food, Energy and Society* [M]. Boca Raton：CRC Press，2007.

　　[63] Austin R. B. Yield of Wheat in the United Kingdom：Recent Advances and Prospects [J]. *Crop Science*，1999，39（6）：1604 – 1610.

　　[64] Kucharik C. J., Ramankutty N. Trends and Variability in U. S. Corn Yields Over the Twentieth Century [J]. *Earth Interactions*，2005，9：1 – 29.

　　[65] 戈峰，曹东风，李典谟. 我国化学农药使用的生态风险性及其减少对策 [J]. 植保技术与推广，1997（2）：35 – 37.

　　[66] Pimentel D. Environmental and Economic Costs of the Application

of Pesticides Primarily in the United States ［J］. *Environment，Development and Sustainability*，2005，7（2）：229 - 252.

［67］Larsen A. E.，Gaines S. D.，Deschênes O. Agricultural Pesticide Use and Adverse Birth Outcomes in the San Joaquin Valley of California ［J］. *Nature Communications*，2017，8：302.

［68］Park M. G.，Blitzer E. J.，Gibbs J.，et al. Negative Effects of Pesticides on Wild Bee Communities Can Be Buffered by Landscape Context ［J］. *Proceedings of the Royal Society B*，2015，282：0299.

［69］Hasenbein S.，Lawlwe S. P.，Geist J.，et al. A Long-term Assessment of Pesticide Mixture Effects on Aquatic Invertebrate Communities ［J］. *Environmental Toxicology and Chemistry*，2016，35（1）：218 - 232.

［70］Winter C. K.，Jara E. A. Pesticide Food Safety Standards as Companions to Tolerances and Maximum Residue Limits ［J］. *Journal of Integrative Agriculture*，2015，14（11）：2358 - 2364.

［71］危朝安. 专业化统防统治是现代农业发展的重要选择 ［J］. 中国植保导刊，2011，31（9）：5 - 8.

［72］应瑞瑶，徐斌. 农户采纳农业社会化服务的示范效应分析——以病虫害统防统治为例 ［J］. 中国农村经济，2014（8）：30 - 41.

［73］何秀玲. 除草剂减量施用会加速杂草抗性进化 ［J］. 世界农药，2011，33（5）：31 - 35.

［74］王杰. 农药低剂量导致其抗性发展 ［J］. 世界农药，2011，33（4）：44 - 46.

［75］Matyjaszczyk E. Prevention Methods for Pest Control and Their Use in Poland ［J］. *Pest Management Science*，2015，71（4）：485 - 491.

［76］Bellotti A. C.，Cardona C.，Lapointe S. L. Trends in Pesticide Use in Colombia and Brazil ［J］. *Journal of Agricultural Entomology*，1990，7（3）：191 - 201.

［77］纪月清，刘亚洲，陈奕山. 统防统治：农民兼业与农药施用

[J]. 南京农业大学学报：社会科学版，2015，15 (6)：61 – 67.

[78] Wang W., Jin J., He R., et al. Gender Differences in Pesticide Use Knowledge, Risk Awareness and Practices in Chinese Farmers [J]. *Science of the Total Environment*，2017，590 – 591：22 – 28.

[79] 周曙东，张宗毅. 农户农药施药效率测算、影响因素及其与农药生产率关系研究——对农药损失控制生产函数的改进 [J]. 农业技术经济，2013 (3)：4 – 14.

[80] Isin S., Yildirim I. Fruit-Growers' Perceptions on the Harmful Effects of Pesticides and Their Reflection on Practices：The Case of Kemalpasa，Turkey [J]. *Crop Protection*，2007，26 (7)：917 – 922.

[81] 顾俊，陈波，徐春春，等. 农户家庭因素对水稻生产新技术采用的影响——基于对江苏省3个水稻生产大县 (市) 290 个农户的调研 [J]. 扬州大学学报：农业与生命科学版，2007 (2)：57 – 60.

[82] 侯建昀，刘军弟，霍学喜. 区域异质性视角下农户农药施用行为研究——基于非线性面板数据的实证分析 [J]. 华中农业大学学报：社会科学版，2014 (4)：1 – 9.

[83] Jin J., Wang W., He R., et al. Pesticide Use and Risk Perceptions among Small-scale Farmers in Anqiu county, China [J]. *International Journal of Environmental Research and Public Health*，2017，14 (1)：29.

[84] Panuwet P., Siriwong W., Prapamontol T., et al. Agricultural Pesticide Management in Thailand：Status and Population Health Risk [J]. *Environmental Science & Policy*，2012，17：72 – 81.

[85] 陈欢，周宏，孙顶强. 信息传递对农户施药行为及水稻产量的影响——江西省水稻种植户的实证分析 [J]. 农业技术经济，2017 (12)：23 – 31.

[86] 童霞，吴林海，山丽杰. 影响农药施用行为的农户特征研究 [J]. 农业技术经济，2011 (11)：71 – 83.

［87］陈奕山，钟甫宁，纪月清．农户兼业对水稻杀虫剂施用的影响［J］．湖南农业大学学报：社会科学版，2017，18（6）：1－6.

［88］黄季焜，齐亮，陈瑞剑．技术信息知识、风险偏好与农民施用农药［J］．管理世界，2008（5）：71－76.

［89］米建伟，黄季焜，陈瑞剑，等．风险规避与中国棉农的农药施用行为［J］．中国农村经济，2012（7）：60－71.

［90］Gong Y. , Baylis K. , Kozak R. , et al. Farmers' Risk Preferences and Pesticide Use Decisions：Evidence from Field Experiments in China［J］. *Agricultural Economics*, 2016, 47（4）: 411－421.

［91］Hou L. , Huang J. , Wang X. , et al. Farmer's Knowledge on GM Technology and Pesticide Use：Evidence from Papaya Production in China［J］. *Journal of Integrative Agriculture*, 2012, 11（12）: 2107－2115.

［92］Widawsky D. , Rozelle S. , Jin S. , et al. Pesticide Productivity, Host-plant Resistance and Productivity in China［J］. *Agricultural Economics*, 1998, 19（1－2）: 203－217.

［93］Cattaneo M. G. , Yafuso C. , Schmidt C. , et al. Farm-scale Evaluation of the Impacts of Transgenic Cotton on Biodiversity, Pesticide Use, and Yield［J］. *Proceedings of the National Academy of Sciences of the United States of America*, 2006, 103（20）: 7571－7576.

［94］Huang J. , Hu R. , Pray C. , et al. Biotechnology as an Alternative to Chemical Pesticides：A Case Study of Bt Cotton in China［J］. *Agricultural Economics*, 2003, 29（1）: 55－67.

［95］Huang J. , Hu R. , Rozelle S. , et al. Transgenic Varieties and Productivity of Smallholder Cotton Farmers in China［J］. *The Australian Journal of Agricultural and Resource Economics*, 2002, 46（3）: 367－387.

［96］Pemsl D. , Waibel H. Assessing the Profitability of Different Crop Protection Strategies in Cotton：Case Study Results from Shandong Province, China［J］. *Agricultural Systems*, 2007, 95（1－3）: 28－36.

［97］ Wang S. , Just D. R. , Andersen P. P. Bt-cotton and Secondary pests ［J］. *International Journal of Biotechnology*, 2008, 10 (2 -3): 113 – 121.

［98］ 李昊，李世平，南灵. 农药施用技术培训减少农药过量施用了吗？［J］. 中国农村经济, 2017 (10): 80 -96.

［99］ 王建华，马玉婷，王晓莉. 农产品安全生产：农户农药施用知识与技能培训 ［J］. 中国人口·资源与环境, 2014, 24 (4): 54 -63.

［100］ Pretty J. , Bharucha Z. P. Integrated Pest Management for Sustainable Intensification of Agriculture in Asia and Africa ［J］. *Insects*, 2015, 6 (1): 152 – 182.

［101］ Sanglestsawai S. , Roderick R. M. , Yorobe J. M. Economic Impacts of Integrated Pest Management (IPM) Farmer Field Schools (FFS): Evidence from Onion Farmers in the Philippines ［J］. *Agricultural Economics*, 2015, 46 (2): 149 – 162.

［102］ Gautam S. , Schreinemachers P. , Uddin M. N. , et al. Impact of Training Vegetable Farmers in Bangladesh in Integrated Pest Management (IPM) ［J］. *Crop Protection*, 2017, 102: 161 – 169.

［103］ Nazarko O. M. , Van Acker R. C. , Entz M. H. . Strategies and Tactics for Herbicide Use Reduction in Field Crops in Canada: A Review ［J］. *Canadian Journal of Plant Science*, 2005, 85 (2): 457 -479.

［104］ Beltran J. C. , White B. , Burton M. , et al. Determinants of Herbicide Use in Rice Production in the Philippines ［J］. *Agricultural Economics*, 2013, 44 (1): 45 -55.

［105］ Yang L. , Elbakidze L. , Marsh T. , et al. Primary and Secondary Pest Management in Agriculture: Balancing Pesticides and Natural Enemies in Potato Production ［J］. *Agricultural Economics*, 2016, 47 (6): 609 -619.

［106］ Wu K. , Guo Y. , Lv N. , et al. Resistance Monitoring of Helicoverpa Armigera (Lepidoptera: Noctuidae) to Bacillus Thuringiensis Insecticidal Protein in China [J]. *Journal of Economic Entomology*, 2002, 95 (4): 826-831.

[107] 黄季焜, 林海, 胡瑞法, 等. 推广转基因抗虫棉对次要害虫农药施用的影响分析 [J]. 农业技术经济, 2007 (1): 4-12.

[108] Wang Z., Lin H., Huang J., et al. Bt Cotton in China: Are Secondary Insect Infestations Offsetting the Benefits in Farmer Fields? [J]. *Agricultural Sciences in China*, 2009, 8 (1): 83-90.

[109] 米建伟, 黄季焜, 胡瑞法, 等. 转基因抗虫棉推广应用与次要害虫危害的关系——基于微观农户调查的实证研究 [J]. 农业技术经济, 2011 (9): 4-12.

[110] Wu K., Li W., Feng H., et al. Seasonal Abundance of the Mirids, Lygus Lucorum and Adelphocoris Spp. (Hemiptera: Miridae) on Bt Cotton in Northern China [J]. *Crop Protection*, 2002, 21 (10): 997-1002.

[111] 范存会, 黄季焜, 胡瑞法, 等. Bt 抗虫棉的种植对农药施用的影响 [J]. 中国农村观察, 2002 (5): 2-10.

[112] 王华书, 徐翔. 微观行为与农产品安全——对农户生产与居民消费的分析 [J]. 南京农业大学学报: 社会科学版, 2004 (1): 23-28.

[113] 沈能, 王艳. 中国农业增长与污染排放的 EKC 曲线检验: 以农药投入为例 [J]. 数理统计与管理, 2016, 35 (4): 614-622.

[114] Grovermann C., Schreinemachers P., Berger T. Quantifying Pesticide Overuse from Farmer and Societal Points of View: An Application to Thailand [J]. *Crop Protection*, 2013, 53 (11): 161-168.

[115] Babcock B. A., Lichtenberg E., Zilberman D. Impact of Damage Control and Quality of Output: Estimating Pest Control Effectiveness [J]. *American Journal of Agricultural Economics*, 1992, 74 (1): 163-172.

[116] Lansink A. O. , Carpentier A. Damage Control Productivity: An Input Damage Abatement Approach [J]. *Journal of Agricultural Economics*, 2001, 52 (3): 11 –22.

[117] Headley J. C. Estimating the Productivity of Agricultural Pesticides [J]. *American Journal of Agricultural Economics*, 1968, 50 (1): 13 – 23.

[118] Teague M. L. , Brorsen B. W. Pesticide Productivity: What Are the Trends? [J]. *Journal of Agricultural and Applied Economics*, 1995, 27 (1): 276 –282.

[119] Lichtenberg E. , Zilberman D. The Econometrics of Damage Control: Why Specification Matters [J]. *American Journal of Agricultural Economics*, 1986, 68 (2): 261 –273.

[120] Talpaz H. , Borosh I. Strategy for Pesticide Use: Frequency and Applications [J]. *American Journal of Agricultural Economics*, 1974, 56 (4): 769 –775.

[121] Dasgupta S. , Meisner C. , Huq M. A Pinch or a Pint? Evidence of Pesticide Overuse in Bangladesh [J]. *Journal of Agricultural Economics*, 2007, 58 (1): 91 –114.

[122] Rivera – Becerril F. , Tuinen D. , Chatagnier O. , et al. Impact of A Pesticide Cocktail (Fenhexamid, Folpel, Deltamethrin) on the Abundance of Glomeromycota in Two Agricultural Soils [J]. *Science of The Total Environment*, 2017, 577: 84 –93.

[123] Rother H. A. Pesticide Labels: Protecting Liability or Health? – Unpacking "Misuse" of Pesticides [J]. *Current Opinion in Environmental Science & Health*, 2018, 4: 10 –15.

[124] Ngowia A. V. F. , Mbise T. J. , Ijani A. S. M. , et al. Smallholder Vegetable Farmers in Northern Tanzania: Pesticides Use Practices, Perceptions, Cost and Health Effects [J]. *Crop Protection*, 2007, 26

（11）：1617 - 1624.

［125］ Jensen H. K. , Konradsen F. , Jørs E. , et al. Pesticide Use and Self-reported Symptoms of Acute Pesticide Poisoning Among Aquatic Farmers in Phnom Penh, Cambodia ［J］. *Journal of Toxicology*, 2011, 2011：639814.

［126］ Asogwa E. U. , Dongo L. N. Problems Associated with Pesticide Usage and Application in Nigerian Cocoa Production：A Review ［J］. *African Journal of Agricultural Research*, 2009, 4（8）：675 - 683.

［127］ Mengistie B. T. , Mol A. P. J. , Oosterveer P. Pesticide Use Practices Among Smallholder Vegetable Farmers in Ethiopian Central Rift Valley ［J］. *Environment, Development and Sustainability*, 2017, 19（1）：301 - 324.

［128］ Ajayi O. C. , Akinnifesi F. K. Farmers' Understanding of Pesticide Safety Labels and Field Spraying Practices：A Case Study of Cotton Farmers in Northern Côte d'Ivoire ［J］. *Scientific Research and Essay*, 2007, 2（6）：204 - 210.

［129］ Jin S. , Bluemling B. , Mol A. P. J. Mitigating Land Pollution Through Pesticide Packages - The Case of A Collection Scheme in Rural China ［J］. *Science of The Total Environment*, 2018, 622 - 623：502 - 509.

［130］ Oesterlund A. H. , Thomsen J F, Sekimpi D K, et al. Pesticide Knowledge, Practice and Attitude and How it Affects the Health of Small-scale Farmers in Uganda：A Cross-Sectional Study ［J］. *African Health Sciences*, 2014, 14（2）：420 - 433.

［131］ Anderson J. R. , Feder G. Agricultural Extension：Good Intentions and Hard Realities ［J］. *The World Bank Research Observer*, 2004, 19（1）：41 - 60.

［132］ Emmanuel D. , Owusu - Sekyere E. , Owusu V. , et al. Impact of Agricultural Extension Service on Adoption of Chemical Fertilizer：Implications for Rice Productivity and Development in Ghana [J]. *NJAS – Wageningen Journal of Life Sciences*, 2016, 79: 41 – 49.

[133] Watts D. J., Strogatz S. H. Collective Dynamics of 'Small-World' Networks [J]. *Nature*, 1998, 393: 440 – 442.

[134] Goodhue R. E., Klonsky K., Mohapatra S. Can An Education Program Be A Substitute for A Regulatory Program That Bans Pesticides? Evidence from A Panel Selection Model [J]. *American Journal of Agricultural Economics*, 2010, 92 (4): 956 – 971.

[135] Huang J., Hu R., Jin S., et al. Agricultural Technology from Innovation to Adoption: Behavior Analyses of Decision Maker, Scientist, Extension Worker, and Farmer [J]. *Impact of Science on Society*, 1999, 1: 55 – 60.

[136] 夏敬源. 中国农业技术推广改革发展30年回顾与展望 [J]. 中国农技推广, 2009, 25 (1): 4 – 14.

[137] 孔祥智, 徐珍源, 史冰清. 当前我国农业社会化服务体系的现状、问题和对策研究 [J]. 江汉论坛, 2009 (5): 13 – 18.

[138] 熊鹰. 农户对农业社会化服务需求的实证分析——基于成都市176个样本农户的调查 [J]. 农村经济, 2010 (3): 93 – 96.

[139] 夏蓓, 蒋乃华. 种粮大户需要农业社会化服务吗——基于江苏省扬州地区264个样本农户的调查 [J]. 农业技术经济, 2016 (8): 15 – 24.

[140] Cai J., Shi G., Hu R. An Impact Analysis of Farmer Field School in China [J]. *Sustainability*, 2016, 8 (2): 137.

[141] Mele P. V., Hai T. V., Thas O., et al. Influence of Pesticide Information Sources on Citrus Farmers' Knowledge, Perception and Practices in Pest Management, Mekong Delta, Vietnam [J]. *International Journal of Pest Management*, 2002, 48 (2): 169 – 177.

[142] Alam S. A., Wolff H. Do Pesticide Sellers Make Farmers Sick?

Health，Information，and Adoption of Technology in Bangladesh ［J］. *Journal of Agricultural and Resource Economics*，2016，41（1）：62 – 80.

［143］翁贞林. 农户理论与应用研究进展与述评［J］. 农业经济问题，2008（8）：93 – 100.

［144］王春超. 转型时期中国农户经济决策行为研究中的基本理论假设［J］. 经济学家，2011（1）：57 – 62.

［145］恰亚诺夫. 农民经济组织［M］. 萧正洪，译. 北京：中央编译出版社，1996.

［146］西奥多·舒尔茨. 改造传统农业［M］. 梁小民，译. 北京：商务印书馆，1987.

［147］Popkin S. *The Rational Peasant*［M］. California：University of California Press，1979.

［148］黄祖辉，胡豹，黄莉莉. 谁是农业结构调整的主体？——农户行为及决策分析［M］. 北京：中国农业出版社，2005.

［149］黄宗智. 华北的小农经济与社会变迁［M］. 北京：中华书局，2000.

［150］张林秀，徐晓明. 农户生产在不同政策环境下行为研究——农户系统模型的应用［J］. 农业技术经济，1996（4）：27 – 32.

［151］周立，潘素梅，董小瑜. 从"谁来养活中国"到"怎样养活中国"——粮食属性，AB 模式与发展主义时代的食物主权［J］. 中国农业大学学报：社会科学版，2012，29（2）：20 – 33.

［152］孔凡斌，钟海燕，潘丹. 小农户土壤保护行为分析——以施肥为例［J］. 农业技术经济，2019（1）：100 – 110.

［153］孔凡斌，钟海燕，潘丹. 不同规模农户环境友好型生产行为的差异性分析——基于全国 7 省 1059 户农户调研数据［J］. 农业经济与管理，2019（4）：26 – 36.

［154］彭军，乔慧，郑风田. 羊群行为视角下农户生产的"一家两制"分析——基于山东 784 份农户调查数据［J］. 湖南农业大学学

报：社会科学版，2017，18（2）：1 -9.

[155] 彭军，乔慧，郑风田. "一家两制"农业生产行为的农户模型分析——基于健康和收入的视角 [J]. 当代经济科学，2015，37（6）：78 -91.

[156] 刘勇，张露，张俊飚，等. 稻谷商品化率与农药使用行为——基于湖北省主要稻区的探析 [J]. 农业现代化研究，2018，39（5）：836 -844.

[157] 徐立成，周立，潘素梅. "一家两制"：食品安全威胁下的社会自我保护 [J]. 中国农村经济，2013（5）：32 -44.

[158] 吕新业，李丹，周宏. 农产品质量安全刍议：农户兼业与农药施用行为——来自湘赣苏三省的经验证据 [J]. 中国农业大学学报：社会科学版，2018，35（4）：69 -78.

[159] 罗小娟，冯淑怡，黄信灶. 信息传播主体对农户施肥行为的影响研究——基于长江中下游平原690户种粮大户的空间计量分析 [J]. 中国人口·资源与环境，2019，29（4）：104 -115.

[160] 库尔特·勒温. 拓扑心理学原理 [M]. 高觉敷，译. 北京：商务印书馆，2004.

[161] Feger G. Pesticides, Information, and Pest Management Under Uncertainty [J]. *American Journal of Agricultural Economics*，1980，61（1）：97 -103.

[162] 智华勇，黄季焜，张德亮. 不同管理体制下政府投入对基层农技推广人员从事公益性技术推广工作的影响 [J]. 管理世界，2007（7）：66 -74.

[163] Yang P., Iles M., Yan S., et al. Farmers' Knowledge, Perceptions and Practices in Transgenic Bt Cotton in Small Producer Systems in Northern China [J]. *Crop Protection*，2005，24（3）：229 -239.

[164] Wooldridge J. M. *Introductory Econometrics：A Modern Approach (Fifth Edition)* [M]. US：South -Western Cengage Learning，2012.

［165］Klump R. ，Mcadam P. ，Willman A. Factor Substitution and Factor-augmenting Technical Progress in the United States：A Normalized Supply-side System Approach ［J］. *The Review of Economics and Statistics*，2007，89（1）：183 - 192.

［166］陈晓玲，连玉君. 资本 - 劳动替代弹性与地区经济增长——德拉格兰德维尔假说的检验 ［J］. 经济学（季刊），2013，12（1）：93 - 118.

［167］陈强. 高级计量经济学及 Stata 应用 ［M］. 北京：高等教育出版社，2014.

［168］Tobin J. Estimation of Relationships for Limited Dependent Variables ［J］. *Econometrica*，1958，26（1）：24 - 36.

［169］国家发展和改革委员会价格司. 全国农产品成本收益资料汇编 ［M］. 北京：中国统计出版社，1986 - 2017.

［170］中华人民共和国国家统计局. 中国统计年鉴 ［M］. 北京：中国统计出版社，1986 - 2017.

［171］国家统计局农村社会经济调查司. 中国农村统计年鉴 ［M］. 北京：中国统计出版社，1986 - 2017.

［172］胡瑞法，黄季焜，李立秋. 中国农技推广体系现状堪忧——来自7省28县的典型调查 ［J］. 中国农技推广，2004（3）：6 - 8.

［173］Sun Y. ，Hu R. ，Zhang C. Does the Adoption of Complex Fertilizers Contribute to Fertilizer Overuse? Evidence from Rice Production in China ［J］. *Journal of Cleaner Production*，2019，219：677 - 685.

［174］Rahman S. Farm-level Pesticide Use in Bangladesh：Determinants and Awareness ［J］. *Agriculture，Ecosystems & Environment*，2003，95（1）：241 - 252.

［175］向子钧. 水稻病虫害自述（第三版）［M］. 武汉：武汉大学出版社，2012.

［176］ Stata Corp. *STATA Multivariate Statistics Reference Manual Release* 13 ［M］. Texas: Stata Press.

［177］ Cragg J. G. Some Statistical Models for Limited Dependent Variables with Application to the Demand for Durable Goods ［J］. *Econometrica*, 1971, 39 (5): 829 – 844.

后　　记

　　本书是对作者过去几年研究的一次系统总结。农药作为现代农业生产中不可或缺的重要生产资料，长期以来对防治农作物病虫害、保障国家粮食安全和重要农产品有效供给作出了较大贡献。但是，农药的不科学与不合理施用也引发了诸多的负外部性，进而影响农业可持续发展。2015年，农业农村部（原农业部）颁布了《到2020年农药使用量零增长行动方案》，谋划了到2020年实现农药零增长的目标任务。自2016年开始，课题组在国家自然科学基金和国家重点研发计划的支持下，围绕中国农户的农药施用实践展开了深入调研，从多角度研究了中国农户农药施用的行为特征及其决定因素，以期为国家制定引导农户科学施用农药的发展策略提供科学依据。但是，实现农药减量增效是一场持久战，在全面促进农业高质量发展的要求下，2022年，农业农村部颁布了《到2025年化学农药减量化行动方案》，对农药减量增效提出更新更高的要求。未来我们可以做的，是围绕新的农药减量化行动目标与重点任务，与各界同仁一起，为促进农业可持续发展作出更多的贡献。

　　本书主要内容基于作者博士在读期间及参加工作后的研究成果，且部分研究成果已经发表在 China Agricultural Economic Review、Pest Management Science、Ecological Indicators、《中国软科学》、《世界农业》及《农业现代化研究》等国内外学术期刊。在本书付梓之际，我必须向所有支持本书研究并为本书作出贡献的人员致谢。首先我要感谢我的导师，国家杰出青年科学基金获得者、北京理工大学管理与经济学院胡瑞法教授。在胡瑞法教授的指导和资助下，我顺利完成了博士学习，一步一步攀登学术的高峰。我还要感谢我的师兄，北京理工大学人文与社会科学学院张超副教授，感谢他在合作研究中所作出的重要贡献。我也要感谢课题组成员蔡金阳博士、孙艺夺博士、李忠鞠博士、林洋博士、陈倩倩、李珊珊、刘坚等在农户调查过程中的辛苦付出。同时，我还要对为支持本书研究提供过帮助的机构、学者和参与农户调查的学生一并表示感谢。最后，我要感谢国家自然科学基金（71803010、71661147002）和国家重点研发计划（2016YFD0201301）对本书调查研究的经费支持以及中共中央党校（国家行政学院）专项项目"推进以人为核心的新型城镇化研究"（编号：2021ZXWZ006）对本书出版的经费资助。